Reinhard Breuer
Chefredakteur

Was ich von »ich« weiß

Wo beginnt das Bewusstsein vom eigenen »Ich«? Offenbar nicht erst beim Menschen, sondern beispielsweise bereits bei Menschenaffen: Schimpansen, denen man im Versuch auf der Stirn Farbtupfen aufbringt, entdecken diese im Spiegel und versuchen, die Flecken an sich selbst zu entfernen. Menschenkinder müssen etwa eineinhalb Jahre alt werden, bis sie diesen »Fleckentest« bestehen und nicht mehr versuchen, den Farbtupfer an dem Gesicht im Spiegel wegzuwischen.

Diese Reaktion gilt den Forschern als Hinweis auf ein Selbst- oder Ichbewusstsein. Aber um was handelt es sich dabei? Ich habe einmal in meinem Brockhaus von 1862 nachgeschlagen. Damals galt »Bewusstsein« als »das Wissen oder deutliche Erkennen, dass Etwas sei«. Und wenn »nun der Geist sich der Objekte als äußerlicher bewusst wird und sich überzeugt, dass diese Objekte wohl ... in ihm, aber nicht er selbst

sind, wird er sich den Objekten als einen Anderen gegenüber setzen, d.h. sich seiner selbst bewusst werden«.

Dass wir anderthalb Jahrhunderte später doch recht anders über unser Hirn und jene vornehmste Qualität sprechen, die wir »Bewusstsein« nennen, ist nicht sonderlich überraschend. Die traditionelle Lehre vom Körper-Geist-Dualismus hat seither

erhebliche Differenzierungen erfahren. Experimentalpsychologen, Neurophysiologen, Neurobiologen sowie Computerwissenschaftler haben jenen Zustand genauer unter die Lupe genommen und seine Geheimnisse zusammen mit detaillierten Modellen vom Aufbau unseres zentralen Nervensystems etwas lüften können. Von einer endgültigen Aufklärung sind sie jedoch noch weit entfernt.

Wo die Forschung heute steht, soll Ihnen dieses »Spektrum-Spezial« nahe bringen. Bewusstsein definiert sich darin nun »als die Fähigkeit des Zentralnervensystems, sich permanent mit der Realität auseinander zu setzen«. Und das für mehrere, ganz unterschiedliche Prozesse. Eine rote Blume wahrzunehmen ist von anderer Natur als etwa der Gedanke, dass 2 + 2 = 4 ist, als das Gefühl, Angst zu haben, einen Schmerz zu verspüren oder mir bewusst zu werden, dass mir eben ein Fehler unterlaufen ist.

Was ich besonders aufregend finde, sind wachsende Einflüsse virtueller Realitäten oder Cyberwelten auf unser Bewusstsein – ein neues Forschungsgebiet für Psychologen und Therapeuten. Heute wächst eine Jugend heran, die ihre Fantasien zunehmend in Computerspielen austobt. Chancen bietet die Cybertechnik heute schon als virtuelle Therapie, etwa bei bestimmten Angststörungen, verzerrten Körperwahrnehmungen oder Autismus. In der Simulation kann sich beispielsweise ein Phobiker dem Objekt seiner Angst völlig gefahrlos aussetzen – ein Bewusstseinstraining der anderen Art. Ich vermute, »zu Erkennen, dass Etwas sei« wird zunehmend spannender.

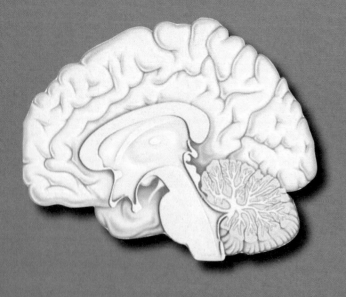

TITELBILD: SPL/AG. FOCUS

Was kann die Neurobiologie erklären? S. 12

Wenn Bewusstsein keine reine Illusion ist, müssen sich im Gehirn auch die Vorgänge finden lassen, die das Phänomen erzeugen

Botschaften aus der Hirnrinde S. 44

Dem Gehirn quasi online bei der Arbeit zuschauen, diesem Wunschtraum kommen Verfahren nahe, welche die elektromagnetische Aktivität des Organs erfassen

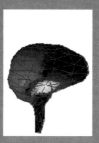

Mehr als ein Bewusstsein S. 6

Der Umgebung, der eigenen Gedanken, des eigenen Ichs bewusst sein, überhaupt Bewusstsein besitzen – das Phänomen hat viele Facetten

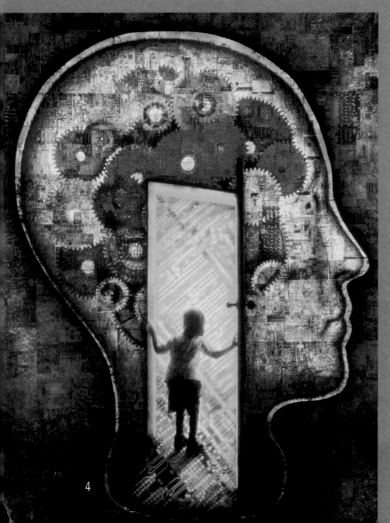

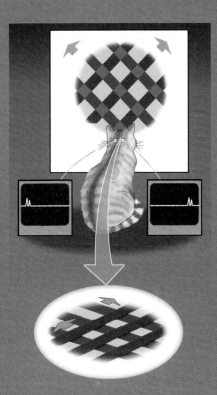

Ein Spiel von Spiegeln S. 20

Synchron feuernde Neuronen könnten die Grundlage unserer bewussten Wahrnehmung bilden – und unseres inneren Auges

Moleküle des Bewusstseins S. 76

Ein Arbeitsspeicher in unserer Hirnrinde ermöglicht eine bewusste Verarbeitung von Informationen, aber nur mit »chemischer Hilfe«

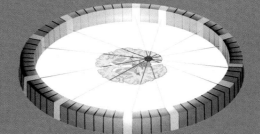

Dem Hirn beim Denken zuschauen S. 54

Wie können die funktionelle Kernspintomografie und die Positronen-Emissionstomografie dreidimensionale Ansichten der aktiven »Denkorte« erstellen?

Mehr als ein Bewusstsein

Der Umgebung, der eigenen Gedanken, des eigenen Ichs bewusst sein, überhaupt Bewusstsein besitzen – das Phänomen hat viele Facetten.

Von Élisabeth Pacherie

Ich bin mir der roten Krawatte meines Gegenübers »bewusst«, ebenso, dass die Quadratwurzel aus neun drei ist oder dass ich gerade eine Dummheit begehe. Dreimal derselbe Begriff – aber seine unterschiedlichen Bedeutungen reflektieren verschiedene Aspekte unseres Geisteslebens, und man kann kaum von *dem* Bewusstsein in der Einzahl sprechen. Wenn wir eine biologische Theorie des Bewusstseins anstreben, müssen wir uns demnach fragen, um welche Art von Bewusstsein es gehen soll. Ferner gilt es genau darauf zu achten, ob die Biologie eine mechanistische und kausale Theorie liefert oder – bescheidener – nur bestimmte Korrelationen zwischen Prozessen im Gehirn und Bewusstsein.

Man spricht bei einem Tier oder Menschen von »bewusstem Zustand«, wenn das Individuum wach ist und auf Umgebungsreize reagiert. »Ohne Bewusstsein« ist es, wenn es mehr oder weniger von der Welt abgeschnitten ist: wenn es schläft, »bewusstlos« ist oder im Koma liegt. Allgemeiner nennen Fachleute ein bewusstes Lebewesen »potenziell bewusst«: Ein Stein oder ein Baum ist es nicht, weil sie dies niemals sein werden, während Menschen und die Vertreter vieler Tierarten bewusste Lebewesen sind, auch wenn ihr Bewusstsein manchmal zum Teil oder vollständig aussetzt.

In der aktuellen Debatte unterscheiden Fachleute zwei Arten von Bewusstsein, ein kognitives und ein phänomenales. Der erste Begriff betont den »intentionalen« Charakter des Bewusstseins – die Eigenschaft, dass es sich immer auf irgendetwas beziehen oder einen wirklichen oder imaginären Inhalt haben muss. Mein Bewusstsein ist kognitiv in dem Sinne, dass es ein Bewusstsein »von etwas« ist: von der Umgebung – in der es zum Beispiel regnet –, von meinen Körperzuständen – ich friere – oder von meiner mentalen Befindlichkeit: Ich wünsche mir, dass der Regen aufhört.

Wie es ist, zu fühlen

Das phänomenale Bewusstsein dagegen betrifft die subjektiven und qualitativen Aspekte der bewussten Erfahrung, »wie« es für mich ist, Schmerz zu spüren oder die Farbe Rot zu sehen. Diese subjektiven Eigenschaften der Erfahrung, die man als Qualia bezeichnet, sind allein dem Subjekt der Erfahrung zugänglich. Sie sind allein dem Individuum eigen und lassen sich sprachlich nicht ausdrücken oder überhaupt kommunizieren. Wie es aussieht, lässt sich das phänomenale Bewusstsein mit einem neurobiologischen Ansatz daher weniger gut untersuchen als das kognitive Pendant. Aber schon Letzteres ist keine simple Angelegenheit.

Ich arbeite an meinem Schreibtisch. Gleich Mittag, sagt mir der Blick zur Wanduhr. Der Straßenlärm dringt in mein Ohr. Ich rieche den Duft meiner Tasse Kaffee, fühle ein Kribbeln im rechten Bein und verspüre Hunger. Diese erste – primäre – Form des kognitiven Bewusstseins besteht somit aus bewussten Repräsentationen der Umgebung und des Körpers.

Eine komplexere Stufe kommt hinzu: das introspektive oder reflexive Bewusstsein. Hierunter versteht man die Fähigkeit, im Geiste den eigenen Gedankenstrom zu verfolgen und Gedanken zweiter Ordnung über die eigenen mentalen Zustände zu fassen – anders gesagt, bewusste Repräsentationen dieser Repräsentationen zu bilden. So dringt nicht nur der Lärm der Bohrmaschine aus der Nachbarwohnung in mein Bewusstsein, sondern ich bin mir auch bewusst, des Geräuschs bewusst zu sein. Meine Katze hat den bohrenden Lärm sicher auch erfasst – aber verfügt sie über ein Bewusstsein dieses Bewusstseins? Wie ist dies bei einem Schimpansen? Bei uns Menschen geht die Gabe der Introspektion mit der Fähigkeit einher, den Inhalt dieser Gedanken mit ▷

▶ Bewusstsein ist ein vielschichtiges Phänomen. Da es sich aber immer auf etwas bezieht und auf einer physischen Grundlage beruht, lässt es sich mit den Mitteln der Biologie untersuchen.

▷ Worten auszudrücken. Gehören diese beiden Leistungen notwendigerweise zusammen? Verfügen allein sprachbegabte Lebewesen über introspektives Bewusstsein? Wie könnte man dies herausfinden? Die Frage bleibt offen.

Die dritte kognitive Form – das Ich- oder Selbst-Bewusstsein – bezieht sich schließlich auf die Fähigkeit, mich selbst als Subjekt meiner Gedanken wahrzunehmen, meine Existenz als Individuum zu begreifen und mich selbst von anderen zu unterscheiden. Die philosophische Analyse dieses Begriffs steckt voller Kontroversen. Wenn ich mir auf dem Wege der Introspektion meiner Gedanken, Wahrnehmungen und Empfindungen bewusst bin, bin ich mir dann auch eines überdauernden Selbsts bewusst, das deren Subjekt ist? Oder erfasse ich nur ein Bündel von Wahrnehmungen? Wenn ich aber per Introspektion keinen Zugang zu einem solchen Selbst habe, das ich von meinen Wahrnehmungen und Gedanken isolieren kann: Worin besteht dann das Ich-Bewusstsein? Handelt es sich dabei um den Zugang zu einem Selbst-Modell – ein Verfügen über eine Summe von Repräsentationen, die mit uns selbst in Verbindung stehen –, das unserem geistigen Leben eine gewisse Einheit verleiht?

Beim phänomenalen Bewusstsein geht es hingegen um die subjektiven Aspekte des Bewusstseins, zum Beispiel darum, wie der Klang der Trompete auf mich wirkt, der Geruch der Rose, das Saure der Zitrone – oder der Geschmack einer in den Tee getauchte Madeleine, wie ihn Marcel Proust in seinem Roman »Auf der Suche nach der verlorenen Zeit« beschrieb. Emotionen wie Wut oder Trauer sind beispielsweise ebenso subjektive Aspekte wie das Gefühl, wenn wir gekitzelt werden oder an eine geliebte Person denken. Das phänomenale Bewusstsein hebt unsere verschiedenen sensorischen Erfahrungen auf eine höhere Ebene, mit den ihnen eigenen unbeschreiblichen Eigenschaften. »Ich trage in meiner Seele eine Blume, die niemand pflücken kann«, schrieb der französische Schriftsteller Victor Hugo im 19. Jahrhundert.

Eine visuelle Erfahrung hat ihre ganz eigenen subjektiven Qualitäten, die sie von einem Tast-, Hör- oder Geruchseindruck unterscheiden, und dies liegt nicht bloß daran, dass uns die verschiedenen Sinne über verschiedene Eigenschaften der Welt informieren, der Sehsinn etwa über die Farbe und der Tastsinn über die Beschaffenheit einer Oberfläche. Was die Gestalt eines Gegenstands – etwa eines Würfels – anbelangt, so können uns zwar Sehen wie Befühlen Aufschluss darüber geben, aber es ist nicht dasselbe, eine Form visuell oder durch Tasten zu erfassen.

Kognitives und phänomenales Bewusstsein

Nichts von dem, was Raymond und Jeanine tun und sagen, weist darauf hin, dass sie keine gleiche Vorstellung von Farben haben. Wenn man sie bittet, die Farbe einiger Dinge zu nennen, antworten sie immer übereinstimmend.

Dennoch ist es denkbar, dass Jeanine beim Farbsehen nicht die gleichen qualitativen Eindrücke oder »Qualia« erfährt wie Raymond. So könnte Jeanine beim Anblick von Grün dasselbe empfinden wie Raymond bei Rot, und Rot könnte bei ihr denselben Eindruck hervorrufen wie Grün bei Raymond. An ihrem Verhalten wäre dies nicht erkennbar, und man würde die ausgetauschten Qualia nie bemerken. Beide Personen würden sagen, der Kaktus sei grün, und beide hätten dasselbe kognitive Bewusstsein von dem Kaktus. Dennoch würde sich ihr phänomenales Bewusstsein unterscheiden.

Kein Denken ohne Bewusstsein?

Jede Sinnesmodalität vermittelt ein breites Spektrum an verschiedenen subjektiven Eindrücken, die miteinander in Beziehung stehen. So wirkt die Farbe Rot zwar anders auf uns als Grün, Gelb oder Orange, aber die Empfindung, die wir bei Rot haben, erscheint uns näher an der von Gelb oder Orange als an Grün.

Eine Vielzahl von bewussten Erfahrungen hat eine phänomenale wie eine kognitive Dimension. Dies gilt für die Sinneswahrnehmung in ihren verschiedenen Modalitäten, aber auch für Gefühle. Meine Furcht vor einer gesichteten Schlange am Wegrand beschränkt sich nicht auf einen subjektiven Eindruck und damit auf das phänomenale Bewusstsein. Mir ist gleichzeitig gegenwärtig, dass das Tier potenziell eine Gefahr darstellt, was in den Bereich des kognitiven Bewusstseins fällt. Dennoch treten die beiden Formen des Bewusstseins nicht immer zusammen auf. Mir zu vergegenwärtigen, dass 333 die »Issos-Keilerei« war oder dass unendlich viele Primzahlen existieren, geht offensichtlich nicht notwendigerweise mit einem besonderen subjektiven Eindruck einher – sie ist rein kognitiv.

Der subjektive Farbraum

Unsere Netzhaut im Auge enthält drei Typen farbtüchtiger Sehzellen. Diese »Zapfen« – so benannt wegen ihrer Form – haben jeweils ihre höchste Empfindlichkeit bei Wellenlängen, die in etwa Blau (I), Grün (II) und Rot (III) entsprechen. Daher erscheinen uns Rot, Grün und Blau als reine oder »primäre« Farben. Aus den drei Zapfentypen erklärt sich aber nicht:

▷ warum wir Gelb ebenso als reine Farbe und nicht als Mischung empfinden, so wie etwa Orange oder Violett

▷ warum es keine Farben gibt, die uns als Mischung aus Rot und Grün oder Blau und Gelb vorkommen.

Diese Phänomene entstehen vielmehr durch die »Gegenfarbenzellen«, die den Zapfen nachgeschaltet sind und in anderer Weise auf bestimmte Wellenlängen des Lichts reagieren.

So werden die so genannten +Blau/−Gelb-Zellen durch Blau aktiviert (+) und durch Gelb inhibiert (−). Genau umgekehrt ist es bei den +Gelb/−Blau-Zellen. Daneben gibt es Zellen vom Typ +Grün/−Rot, +Rot/−Grün, +Weiß/−Schwarz und +Schwarz/−Weiß. Wenn das von den Zapfen ausgehende Signal speziell +Rot/−Grün-Zellen anspricht und so die Empfindung »Rot« hervorruft, unterdrückt es gleichzeitig die +Grün/−Rot-Zellen – die Gegenspieler – und verhindert so jeden Grüneindruck (und umgekehrt). Das Gleiche gilt für Gelb und Blau. Wir können daher eine Farbe niemals als Mischung aus Rot und Grün oder aus Gelb und Blau wahrnehmen, denn sie erscheint nur dann als Mischung, wenn beispielsweise +Gelb/−Blau-Zellen oder ihre Gegenspieler zur selben Zeit aktiviert werden wie +Rot/−Grün-Zellen oder deren Gegenspieler. Orange entspricht etwa der gleichzeitigen Stimulierung von +Rot/−Grün- und +Gelb/−Blau-Zellen. Als rein wird eine Farbe empfunden, wenn sie nur einen einzigen der vier »farbigen« Typen von Gegenfarbenzellen aktiviert. Daher gibt es für uns vier Primärfarben: Rot, Blau, Gelb und Grün.

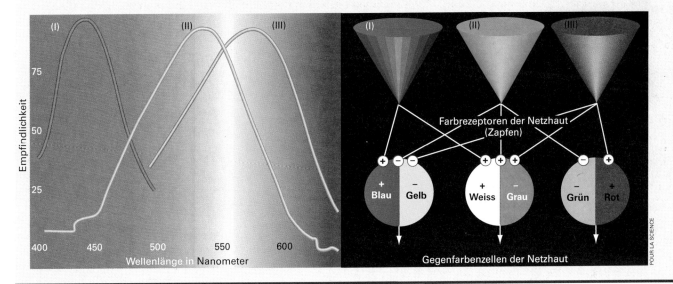

Der französische Philosoph, Mathematiker und Naturforscher René Descartes vertrat im 17. Jahrhundert die Ansicht, dass es ohne Bewusstsein kein Denken geben könne und dass nur Bewusstes die Bezeichnung »geistig« verdient. »Es kann in uns keinen Gedanken geben«, sagt er, »von dem wir nicht in demselben Moment, in dem wir ihn denken, ein aktuelles Bewusstsein besäßen.« Der Geist ist sich selbst demnach jederzeit zugänglich; die Vorstellung eines unbewussten Denkens hielt Descartes für widersinnig.

Darüber lässt sich bekanntermaßen streiten. Ob schon bei Platon im Dialog *Menon*, bei Gottfried Wilhelm Leibniz mit den »kleinen Perzeptionen« (unbewussten Wahrnehmungen) oder bei Arthur Schopenhauer: In der Philosophie deutete sich das Konzept unbewusster

Prozesse mehr und mehr an. Dennoch blieb es vor Sigmund Freud eine Randerscheinung, und erst der enorme Einfluss seiner psychoanalytischen Theorie im 20. Jahrhundert hat das Unbewusste in der zeitgenössischen Kultur allgemein etabliert.

Das Unbewusste

Neben der Psychoanalyse interessiert sich heute auch die Kognitionspsychologie besonders für unbewusste Denkprozesse und -inhalte sowie deren Bedeutung für unser Geistesleben.

Kognitionsforscher begreifen Geist und Gehirn als ein System mit der Aufgabe, aus dem Input der Sinneskanäle Informationen zu gewinnen und so weiterzuverarbeiten, dass der Organismus sein Verhalten effizient steuern kann. Sie untersuchen die einzelnen Schritte dieses

Prozesses, die entsprechenden Mechanismen und Codes sowie seine hirnanatomischen Grundlagen. Wie Kognitionspsychologen, Neuropsychologen und Neurowissenschaftler unter anderem mit bildgebenden Verfahren zeigen konnten, erledigt unser Gehirn viele dieser Vorgänge unbewusst (siehe Beiträge S. 44 und S. 54). Großenteils gar nicht gewahr werden wir zum Beispiel der Abläufe bei der Wahrnehmung, bei der Bewegungsvorbereitung und der semantischen Verarbeitung von Informationen sowie der Gedächtnisprozesse und emotionalen Vorgänge. So gesehen haben das freudsche und das kognitive Unbewusste kaum etwas gemeinsam: Ersteres ist eine Art Modell innerer Antriebe und Verdrängungsmechanismen, während das Unbewusste im kognitiven Sinne der Informationsverarbeitung dient.

▷

▷ Für Descartes war es noch ein und dasselbe, Denken und Bewusstsein zu erklären. Aus heutiger Sicht handelt es sich hierbei um verschiedene oder, genauer gesagt, sich nur teilweise überschneidende Vorhaben. Um das Bewusstsein zu verstehen, müssen wir die besonderen Eigenschaften von bewussten mentalen Vorgängen und Zuständen bestimmen – im Vergleich zu unbewussten.

Bei der klassischen Debatte um Leib und Seele, Körper und Geist ging man davon aus, dass physische und geistige Erscheinungen prinzipiell verschieden sind. Aus heutiger Sicht stellen die mentalen Phänomene dagegen lediglich einen Sonderfall der Naturvorgänge dar. Die Kognitionswissenschaften weisen den Gedanken zurück, zwischen dem Physischen und Geistigen bestehe eine unüberwindbare Dualität. Für sie ist auch der Geist naturwissenschaftlichen Methoden zugänglich. Daher besteht ihr Problem nicht mehr darin, das Geheimnis der Interaktion zweier unterschiedlicher »Substanzen« – des Geistes und der Materie – zu lösen. Vielmehr gilt es für sie herauszufinden, wie biologische Vorgänge die Phänomene des Geistes nach sich ziehen.

Im globalen Arbeitsraum

Gehen wir einmal davon aus, dass unsere mentale Befindlichkeit kausal für unser Verhalten verantwortlich ist. Sie selbst wiederum hängt von den einströmenden Sinnesreizen ab und zugleich von jeweils anderen geistigen Zuständen. So gesehen sind mentale Zustände funktionell definierbar, also durch ihre Ursachen und Wirkungen. Entsprechende Untersuchungen sind alles andere als einfach, aber wenn wir davon ausgehen, dass sich mentale Zustände durch ihre Wirkung charakterisieren lassen, müsste eine zu findende Erklärung zeigen können, wie diese kausale Rolle aussieht.

Im Prinzip gilt es, eindeutig nachzuweisen, welche neurophysiologischen Mechanismen hinter dieser Kausalität stehen. Es geht also nicht nur darum, einfache Korrelationen zwischen mentalen und neurobiologischen Vorgängen zu finden, sondern daraus auch gerichtete Zusammenhänge mit Erklärungswert abzuleiten. Solche Korrelationen spiegeln dann die charakteristische kausale Organisation der fraglichen mentalen Vorgänge auf neuronaler Ebene wider.

Was bringt uns diese explikative Strategie hinsichtlich des Bewusstseins? Hier

CORBIS

◁ Für René Descartes war es noch ein und dasselbe, Denken und Bewusstsein zu erklären.

ist es wichtig, zwischen phänomenalem und kognitivem Bewusstsein zu trennen, denn nur die verschiedenen Formen des Letzteren scheinen derzeit einer funktionellen Charakterisierung zugänglich. Theoretische Modelle zum Modus der Informationsverarbeitung und der kausalen Dynamik in den Prozessen, die beim kognitiven Bewusstsein mitspielen, haben unter anderem Daniel Dennet von der Tufts-Universität in Boston (Massachusetts) aufgestellt sowie Bernard Baars vom Wright-Institut in Berkeley (Kalifornien).

Nach Baars beispielsweise ist dieses Bewusstsein ein »globaler Arbeitsraum« in einem System aus einzelnen verstreuten informationsverarbeitenden Modulen. Ein Teil der verarbeiteten Informationen ist über diesen Raum verteilt und so für das gesamte kognitive System zugänglich. Auf diese Weise wird der globale Arbeitsspeicher zum Träger der Bewusstseinsinhalte. Um die Gültigkeit des Modells von Baars zu belegen und einer biologischen Theorie des Bewusstseins näher zu kommen, müsste man ein Ensemble zusammenspielender neuronaler Prozesse nachweisen, das die kausale Organisation widerspiegelt, die durch dieses Modell beschrieben wird.

Gleichzeitig darf man sich aber nicht vorstellen, die Bildung theoretischer Modelle erfolge unabhängig vom neurobiologischen Ansatz und die Biologie werde erst später einbezogen. Dies wäre zu einfach. Beide Disziplinen entwickeln sich vielmehr konstant weiter, wobei sich eine an der anderen orientiert. Der Weg

zu einer biologischen Theorie des kognitiven Bewusstseins ist gewiss steinig und voller Fallstricke, aber das Vorhaben scheint prinzipiell realisierbar.

In den Augen vieler Fachleute – sowohl von Philosophen als auch von Naturwissenschaftlern – liegen die Dinge beim phänomenalen Bewusstsein anders, da hier dem Kontext eine herausragende Rolle zukommt. Es lässt sich anscheinend nicht funktionell definieren oder charakterisieren.

Warum gibt es subjektives Erleben?

Die erste Frage, die sich hier stellt, lautet: Warum gibt es überhaupt subjektives Erleben? Warum wird das kognitive Bewusstsein – zumindest in vielen Fällen, wie etwa beim erwähnten Anblick einer Schlange – von derartigen Empfindungen begleitet? Warum ist mit der Wahrnehmung der Farbe Grün eine besondere qualitative Erfahrung verbunden, und warum gerade diese und keine andere? Ein Ingenieur hätte zweifellos kein Problem, eine Maschine zu konstruieren, die grüne und rote Objekte oder eckige und runde Formen sortieren kann, aber niemand käme wohl auf die Idee, dieser Maschine subjektives Empfinden zuzuschreiben. Wenn aber ein System kein subjektives Erleben braucht, um grün und rot, eckig und rund zu unterscheiden – warum haben wir dann derartige Empfindungen, und wie kommen sie zu Stande?

AKG BERLIN

▷ Gottfried Wilhelm Leibniz sah ein Kontinuum verschiedener »Grade des Bewusstseins«.

▶ Sigmund Freud verhalf mit seiner psychoanalytischen Theorie dem Unbewussten zum Durchbruch.

AKG BERLIN

Eine Hypothese zu den biologischen Grundlagen des Bewusstseins stammt von Francis Crick vom Salk Institute in La Jolla (Kalifornien) und Christof Koch vom California Institute of Technology in Pasadena. Demnach beruht unser visuelles Bewusstsein auf einer synchronen Aktivierung von Hirnneuronen bei einer Frequenz von etwa vierzig Hertz. Doch wie erklärt eine Synchronisation bei dieser Frequenz den subjektiven Charakter meiner visuellen Erfahrung? Warum besitzt Letztere gerade diese spezielle Qualität und keine andere? Warum diese Oszillation und keine andere Art von Hirnaktivität? Welche Logik spräche dagegen, sich ein Wesen vorzustellen, das in jeder Hinsicht mit uns identisch ist, bis hin zu den synchronen Vierzig-Hertz-Schwingungen, jedoch keinerlei subjektives Erleben dabei hat? All diese Fragen sind Beispiele für die so genannte Erklärungslücke: Wir wissen nicht, was an unserer biologischen oder funktionellen Natur erklärt, warum wir eine qualitative Empfindung haben und warum wir gerade diese haben und keine andere.

Zum Problem der Erklärungslücke gibt es zahlreiche sehr unterschiedliche Haltungen. Eine extreme Position, eine eliminatorische, vertritt unter anderem Dennett: Sie verneint ganz einfach die Existenz des phänomenalen Bewusstseins, wie es hier beschrieben wurde – und damit auch die Existenz der Erklärungslücke, da nichts mehr zu erklären bleibt. Am anderen Extrem steht der Philosoph David Chalmers von der Universität von Arizona in Tucson. Er verteidigt nicht nur die Existenz der Lücke – er ist sogar der Ansicht, dass wir sie nie überwinden können. Daher müsse man eine Art von Dualismus annehmen: Das phänomenale Bewusstsein sei anderer Natur als physische Erscheinungen. Dazwischen rangieren eine Reihe gemäßigter Positionen, nach denen das Problem der Erklärungslücke tatsächlich existiert und uns derzeit nur die Mittel zu seiner Lösung fehlen. Sie schließen nicht aus, dass einmal neue physische Konzepte entworfen werden, die das Rätsel zu lösen vermögen.

Auch wenn die Erklärungslücke derzeit unüberwindlich erscheint, darf man nicht denken, die Wissenschaft hielte noch keine interessanten Details zum phänomenalen Bewusstsein bereit. Wir vermuten ja zum Beispiel bereits, dass es mit einer synchronen Aktivierung von Neuronen bei vierzig Hertz zusammenfällt – und bereits der bloße Nachweis solcher Korrelationen zwischen phänomenalem Bewusstsein und biologischen Prozessen ist keinesfalls trivial, auch wenn sie für uns noch keine gültige Erklärung darstellen.

Die Ferne der Farben

Überdies vereinigen sich unter der allgemeinen Bezeichnung »phänomenales Bewusstsein« sehr verschiedene bewusste Erfahrungen, etwa visuelle, auditive oder taktile. Nach der Hypothese von Crick und Koch ist die Vierzig-Hertz-Oszillation das Korrelat des visuellen Bewusstseins auf Gehirnebene. Aber was ist mit akustischen, geruchlichen oder emotionalen Bewusstseinsinhalten? Der Nachweis, dass das phänomenale Bewusstsein in allen seinen Ausprägungen immer mit einer speziellen Form der neuronalen Aktivierung korreliert ist, wäre ein »phänomenaler« Fortschritt! Wir wüssten dann zumindest für die Seite der physischen Vorgänge, von *wo* aus die Erklärungslücke zu schließen ist – auch wenn das *Wie* noch nicht klar ist.

Bislang haben wir uns mit zwei Rätseln des phänomenalen Bewusstseins befasst: Warum haben wir überhaupt qualitative subjektive Erfahrungen und warum genau diese und keine anderen? Diese Fragen können wir zwar heute noch nicht beantworten, aber es gibt ein drittes Thema, das sich offenbar leichter angehen lässt: die Struktur der Wahrnehmung. Betrachten wir das Beispiel »Farb-

erfahrung«. Auch hier kann man sich den Kopf zerbrechen, warum Rot ein bestimmtes subjektives Empfinden verursacht und warum genau dieses und kein anderes. Man kann sich aber auch fragen, warum Rot und Gelb einander in unserer Wahrnehmung näher erscheinen als Rot und Grün – oder warum es für uns ein bläuliches Grün gibt oder ein orangefarbenes Gelb, aber kein grünliches Rot oder gelbliches Blau.

Diese Fragen spiegeln die Tatsache, dass unsere Farbwahrnehmung eine relationale Struktur hat, die Farben einander also mehr oder weniger räumlich »nah« erscheinen. In diesem Fall erreicht der Zusammenhang zwischen subjektiven Erfahrungen und zu Grunde liegenden neurophysiologischen Prozessen erklärenden Wert: Man kann zeigen, dass sich die von uns empfundene Struktur des Farbraums auf die Arbeitsweise spezieller Neuronen zurückführen lässt. Diese schließen aus, dass wir Farben wie etwa Rot und Grün oder Blau und Gelb gleichzeitig empfinden, und tragen so zu unserem Gefühl von »Inkompatibilität« oder »Nähe« zwischen Farben bei (siehe Kasten S. 9).

Im Fall der Farben konnten Wissenschaftler unsere subjektive Erfahrung also erklären: Zunächst identifizierten sie die neurobiologischen Mechanismen, die für die Farbwahrnehmung verantwortlich sind. In einem zweiten Schritt zeigten sie dann, wie deren Funktionsweise jener relationalen Ordnung entspricht.

Nun ist das Farbempfinden nur ein Beispiel; auch viele andere Arten unseres Erlebens weisen eine gewisse Strukturierung auf. Von den Biologen können wir zwar heute noch keine Erklärung dafür erwarten, warum wir subjektive Erfahrungen haben und warum diese in der uns bekannten Form auftreten – aber wenigstens bald eine dafür, wie jene Ordnung in unseren Empfindungen entsteht. ◁

Élisabeth Pacherie ist Chargée de Recherche des CNRS am Institut Jean-Nicod in Paris.

Philosophie des menschlichen Bewusstseins. Von D. Dennett, Hoffmann und Campe 1994

Was die Seele wirklich ist. Von Francis Crick, Artemis 1994

The conscious mind. Von D. Chalmers, Oxford University Press 1996

Naturaliser l'intentionalité. Von É. Pacherie, PUF 1993

AUTORIN UND LITERATURHINWEISE

BEWUSSTSEIN

Was kann die Neurobiologie erklären?

Wenn Bewusstsein keine reine Illusion ist, müssen sich im Gehirn auch die zugehörigen Vorgänge finden lassen. Dabei »reduziert« der neurobiologische Ansatz das Bewusstsein keinesfalls – er unterstreicht vielmehr dessen Komplexität.

Von Jean Delacour

Das Bewusstsein – was ist das überhaupt? Hier gibt es keine einfache, zugleich vollständige und endgültige Antwort. Dies überrascht nicht: Bei anderen Begriffen wie »Leben«, »Denken« oder »Mensch« verhält es sich ebenso. Daher begnügen wir uns hier mit folgender »Arbeitsdefinition«: Ein psychisches Phänomen ist bewusst, wenn es sich durch Sprache mitteilen lässt. Diese provisorische Eingrenzung ist sehr praktisch, da sie auf einem objektiven und leicht anwendbaren Kriterium beruht. Mancher mag einwenden, dass Sprache und Bewusstsein zwar eng, aber nicht völlig zusammenhängen. Dennoch: Auf dieser Ausgangsbasis lassen sich eine Reihe von Phänomenen systematisch beschreiben, die von den meisten Fachleuten als bewusst betrachtet werden. Der Einfachheit halber gebrauche ich den Begriff Bewusstsein hier, als handle es sich um eine eindeutig bezeichnete und in sich homogene Erscheinung – obwohl dem nicht so ist.

Aus subjektiver Sicht äußert sich das Bewusstsein wohl zunächst im Gefühl, hier und jetzt präsent zu sein. Dabei lässt sich eine hilfreiche Unterscheidung treffen: zwischen den »großen Bewusstseinszuständen« einerseits und den darin auftretenden Gedanken und bewussten Einzelwahrnehmungen andererseits. Die Zustände wiederholen sich im Rahmen des Tag-Nacht-Zyklus und können Stunden dauern. Zu unterscheiden sind zwei Formen: das Wachen sowie das Träu-

men, meist während des so genannten REM-Schlafs. Letzterer zeichnet sich durch ruckartige Augenbewegungen, englisch »rapid eye movements«, aus. Das Gehirn ist in dieser Phase hochaktiv, manchmal sogar aktiver als im Wachzustand; dafür erschlaffen die Muskeln und die Reizschwellen der Sinnesorgane steigen an. Daher rührt auch der Begriff »paradoxer Schlaf«.

Die Gedanken, Wahrnehmungen und Gefühle, die während eines der bewussten Zustände auftauchen, messen sich hingegen in Sekunden anstatt Stunden. Sie folgen rasch aufeinander, sind sehr unterschiedlicher Natur und haben keinen zyklischen Charakter. So taucht zum Beispiel eine Erinnerung auf, etwa an den ersten Schultag, oder wir entdecken eine Veränderung in unserer Umgebung, etwa einsetzenden Regen. Wohlverstanden: Es besteht ein Zusammenhang zwischen den großen Bewusstseinszuständen und den darin auftretenden Gedanken und bewussten Einzelwahrnehmungen. Denn Erstere sind eine notwendige Bedingung für Letztere, und Letztere können umgekehrt Erstere beeinflussen. So kann ein aufregender Gedanke beispielsweise den Wachzustand verlängern oder ihm eine bestimmte emotionale Tönung verleihen.

Lange Dauer, Reproduzierbarkeit und offensichtliche objektive Merkmale machen Wach- und Traumphase sowohl beim Menschen wie auch beim Tier zu relativ einfachen Studienobjekten. Die Erforschung ihrer neurobiologischen Mechanismen ist daher bereits weit fort-

geschritten. Anders liegen die Dinge bei Gedanken und Empfindungen, nicht nur weil sie einander so rasch abwechseln und schwer reproduzierbar sind. Vielmehr kompliziert noch etwas anderes die Verhältnisse: Innerhalb desselben Bewusstseinszustandes existieren bewusste und unbewusste Prozesse nebeneinander, ja sie interagieren sogar. Zum Beispiel aktiviert der bewusste Gebrauch der Sprache den unbewussten Einsatz von linguistischen Subprozessen, die automatisch die Syntax festlegen und das Vokabular für das Gespräch bereitstellen. Wie soll man unter diesen Bedingungen die neuronale Aktivität des bewussten Denkprozesses ausmachen, ohne sie mit der eines gleichzeitigen unbewussten Vorgangs zu verwechseln? Momentan können Forscher diese Unterscheidung nur sehr schwer treffen, sodass hier die Neurobiologie des Bewusstseins an ihre derzeitige Grenze stößt.

Keinerlei objektive Wirklichkeit?

Nach klassischen Vorstellungen sind bei bewussten Vorgängen zwei Eigenschaften zu unterscheiden: Intentionalität und Qualia. Unter Intentionalität versteht man, dass sich bestimmte geistige Prozesse auf eine von ihnen selbst verschiedene Wirklichkeit beziehen, auf ein reelles oder imaginäres Objekt, das sich von den Vorgängen selbst unterscheidet. Die Intentionalität einer Erinnerung bestünde zum Beispiel darin, dass sie ein Kindheitserlebnis betrifft oder eine geliebte Person vor das geistige Auge holt. Bei einem abstrakten Gedanken ist es vielleicht die Bezugnahme auf eine Eigenschaft von Vektorräumen. Die Intentionalität stellt die äußere, kognitive Komponente eines bewussten mentalen Vorgangs dar.

Als Qualia bezeichnet man die inneren Charakteristika von bewussten Prozessen, also »wie« es ist, sie zu erleben. Sie bestehen aus Eindrücken und Gefühlsregungen, die sich oft schwer beschreiben lassen: Qualia sind »emotionale Färbungen«. So ruft bei einigen Menschen die Wahrnehmung bestimmter Farben oder Gerüche den Eindruck »angenehm« oder »unangenehm« hervor. Dabei lässt sich der Aspekt des »Wie« vom Aspekt der Intentionalität trennen. Das Wachrufen derselben Erinnerung, desselben abstrakten Gedankens oder die Wahrnehmung desselben Objekts können von verschiede-

nen Empfindungen begleitet sein, beispielsweise Fröhlichkeit oder Kummer, Wohlbefinden oder Unbehagen.

In den vergangenen Jahren hat die Unterscheidung zwischen Intentionalität und Qualia eine besondere Bedeutung gewonnen. Für einige Wissenschaftler hängt an diesem Gegensatz sogar die ganze derzeitige Diskussion darüber, ob sich das Bewusstsein überhaupt wissenschaftlich untersuchen lässt. In der Tat ist dessen intentioneller, kognitiver Aspekt dank des nach außen gerichteten Charakters – also des Bezugs auf reelle

oder abstrakte Objekte – im Fall des Menschen in der dritten Person beschreibbar. Was künstliche Systeme oder Tiere angeht, so sind entsprechende Versuche reproduzierbar. Auf diese Weise ist der Aspekt der Intentionalität den Methoden der experimentellen Psychologie, der Künstlichen Intelligenz und der Neurowissenschaften zugänglich.

Bei den Qualia dagegen handelt es sich um innere Eigenschaften rein auf das Individuum bezogener Erfahrungen. Da sie wegen ihres qualitativen und flüchtigen Charakters schwer mitteilbar sind, entziehen sie sich auf den ersten Blick jeder Art der wissenschaftlichen Annäherung. Sie lassen sich scheinbar auf keinerlei objektive Wirklichkeit zurückführen und – als Wesen des Bewusstseins – der Naturwissenschaft nicht ▷

◀ Odysseus ließ sich an den Mast seines Schiffes binden, um nicht dem magischen Gesang der Sirenen zu verfallen. Nur so konnte er die so genannten Qualia der bewussten Wahrnehmung erleben, ohne der tödlichen Attraktion folgen zu müssen.

▷ zugänglich machen. Entgegen dieser Auffassung zeigen die Fortschritte, dass die Qualia Objekte der Wissenschaft sein können und es sind – und sei es nur durch die Tatsache, dass sie eng mit dem Aspekt Intentionalität der bewussten Repräsentationen zusammenhängen.

Andere Eigenschaften des Bewusstseins waren oder sind noch Gegenstand der Kontroverse, wie etwa die Kontinuität und die Einheit der bewussten Erfahrung. Den meisten Darstellungen zufolge reihen sich die bewussten Vorgänge im Rahmen eines der großen Bewusstseinszustände kontinuierlich aneinander, ähnlich einer Melodie, und bilden einen unaufhörlichen Fluss, einen »Bewusstseinsstrom«. Allerdings konnte bislang keine exakte experimentelle Untersuchung diese Kontinuität belegen. Auch sind die Gedanken, Bilder und Emotionen, die

---

Wenn ein Pianist über die Noten nachdenkt, verliert er seine Geläufigkeit und verspielt sich

---

im selben Bewusstseinszustand aufeinander folgen, häufig sehr verschieden, was die unterstellte melodieartige Verkettung der bewussten Prozesse fraglich erscheinen lässt. Letztere unterscheiden sich nicht bloß durch ihr Objekt, sondern zugleich durch ihre emotionale Tönung, ihre Qualia.

Ferner können diese Prozesse durch unerwartete Ereignisse ganz abrupt eine neue Richtung bekommen. So setzt eine bewusste Repräsentation sehr häufig dann ein, wenn wir etwas Neues entdecken. Dies ist oft der Fall, während wir eigentlich mit einer Routinetätigkeit beschäftigt sind. Ein Beispiel: Wir fahren in aller Ruhe mit dem Auto auf einer Landstraße dahin, als plötzlich ein Stich in der Brust oder ein Blitz vom fast heiteren Himmel uns überrascht. Der unverhoffte Vorfall löst eine Abfolge von bewussten Überlegungen und Vorstellungen aus, in denen wir die neue Situation beleuchten. »Bestätigt der Schmerz die Warnungen meines Arztes? Ich sollte das Rauchen aufhören und einen Kardiologen besuchen.« Oder: »Der Gewitterregen dort oben wird mich aufhalten. Ich werde es nicht rechtzeitig zum Bahnhof schaffen, um meine Freundin abzuholen. Sie wird sauer sein.«

Ganz generell ist das Bewusstsein keineswegs entweder nur voll da oder gar nicht. Es ist vielmehr in seiner Intensität

abgestuft, kann mehr oder weniger fokussiert sein, spontan oder reflexiv. In letzterem Fall repräsentiert sich das Ich als Urheber seiner Gedanken selbst. Dennoch: Auch wenn das Bewusstsein über sehr kurze Zeiträume gesehen nicht wie ein vollkommen kontinuierlicher Fluss verläuft, so stellen in die Zukunft gerichtete Handlungspläne und bestimmte Formen des Gedächtnisses über Minuten oder sogar Stunden eine prinzipielle Kontinuität sicher. Hier ist vor allem das Arbeitsgedächtnis zu nennen: Es bildet die Grundlage der gerade ablaufenden kognitiven Aktivität und koordiniert deren verschiedene Elemente, sodass sie nach einem Plan ablaufen kann.

Die Frage, ob das Bewusstsein kontinuierlich verläuft, betrifft genau genommen dessen Einheit im Verlauf der Zeit. Wie verhält es sich jedoch mit seiner Einheit zu einem bestimmten Augenblick, der »synchronen« Einheit? Die phänomenologische Sicht schreibt jeden bewussten Vorgang zumindest implizit einem einheitlichen Ich zu, das sich zu einem gegebenen Zeitpunkt immer nur auf ein einziges Objekt bezieht. Doch diese Idee ist genau wie im Fall der zeitlichen Kontinuität umstritten. Bestimmte Ergebnisse der experimentellen Psychologie, die massiv parallele Organisation des Gehirns und eine Reihe von Krankheitsbildern stellen diese Einheitlichkeit sehr in Frage.

Allerdings hängt auch hier alles davon ab, welches Niveau der Organisation oder Funktion man betrachtet, denn in bestimmten Größenordnungen von Raum und Zeit existiert tatsächlich eine Einheit des Bewusstseins. Dies gilt nicht nur für den Augenblick oder für kurze Zeiträume, sondern auch auf lange Sicht und über einen gegebenen Bewusstseinszustand hinaus, wie unser autobiografisches Gedächtnis zeigt und unsere Fähigkeit, langfristige Pläne aufzustellen und zu verwirklichen. Möglicherweise ist die Einheit gerade über jene Zeiträume gewährt, die für das Überleben des Organismus die größte Bedeutung haben.

Durch welche objektiven Merkmale lässt sich das Bewusstsein erkennen? Sicherlich durch die typischen Eigenschaften des Wachzustandes und des REM-Schlafs sowie durch bestimmte Verhaltensweisen. Letztere zeichnen sich vor allem durch folgende – näherungsweise

nach steigender Aussagekraft geordnete – Merkmale aus:

▶ einen zusammenhängenden, in sich geschlossenen und kontrollierten Charakter
▶ die Fähigkeit, Veränderungen zu entdecken und sich darauf einzustellen
▶ das Verfolgen eines festen Ziels unter sich verändernden Bedingungen
▶ Sprachgebrauch und Sprachverständnis
▶ die Fähigkeit, eine Erinnerung mit einem expliziten Bezug zur Vergangenheit wachzurufen (so genanntes deklaratives Gedächtnis)
▶ die Gabe der Metakognition, also das Vermögen, die eigene mentale Aktivität kritisch zu beurteilen.

Keines dieser Kriterien ist für sich allein hinreichend; überdies sind sie untereinander nicht immer absolut stimmig. Dennoch besteht nahezu Einigkeit unter den Forschern, dass ein Verhalten dann auf den bewussten Wachzustand hinweist, wenn es entweder gleichzeitig Sprache und deklaratives Gedächtnis nutzt oder diese Gedächtnisform und die Fähigkeit zur Metakognition. Was den REM-Schlaf angeht, so äußern sich hier wegen der Muskelerschlaffung und der erhöhten Reizschwellen für Sinneseindrücke nur wenige differenzierte Verhaltensweisen. Das charakteristischste Merkmal sind die genannten ruckweisen Augenbewegungen, die wahrscheinlich die visuellen Eindrücke während des Träumens begleiten oder sogar verursachen. Gleichzeitig verfügen Träumende aber manchmal auch über deklaratives Gedächtnis und Metakognition. So kann ein Albtraum gelegentlich mit dem wieder beruhigenden Gedanken einhergehen, alles sei nur ein Traum.

Bewusstsein als Luxus?

Zur Frage, warum wir überhaupt ein Bewusstsein besitzen, kursieren zahlreiche Hypothesen. Manche glauben, erst das Bewusstsein ermögliche die am höchsten entwickelten Formen der Kognition und Verhaltenssteuerung, andere halten es nur für eine Illusion. Dabei scheinen derartig extreme Auffassungen kaum begründet. Zu erster Position passt es kaum, dass auch schwierige kognitive und sensomotorische Leistungen oft unbewusst ablaufen. Autofahren beispielsweise erfolgt bei Geübten beinahe automatisch, solange die Straße frei ist und nichts Unvorhergesehenes eintritt. Zudem verringert eine bewusste Repräsentation derartiger Aufgaben sogar die Geschwindigkeit und die Exaktheit ihrer

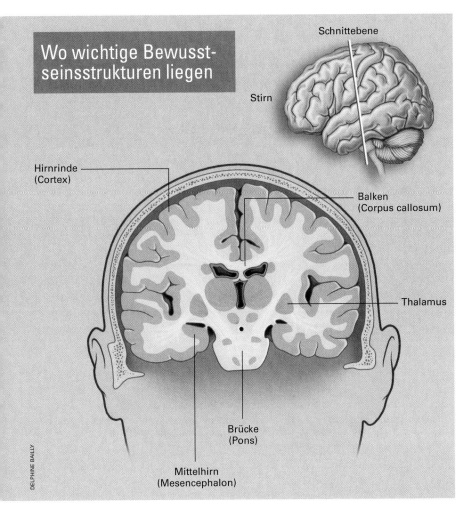

Wo wichtige Bewusstseinsstrukturen liegen

Schnittebene

Stirn

Hirnrinde (Cortex)

Balken (Corpus callosum)

Thalamus

Brücke (Pons)

Mittelhirn (Mesencephalon)

DELPHINE BAILLY

Wichtige Hirnstrukturen der Bewusstseinsprozesse sind die Hirnrinde und der tief im Inneren gelegene Thalamus, ferner die Brücke des Hirnstamms und der Balken, der die beiden Hirnhälften als dickes Faserbündel verbindet.

samt ja unsere Reaktionen und erhöht die Fehlerwahrscheinlichkeit bei der Ausführung von Aufgaben, die wir gut beherrschen. Dies dürfte darauf zurückzuführen sein, dass während bewusster Repräsentationen langsame, serielle Prozesse mit geringer Verarbeitungskapazität am Werk sind, wie etwa das Arbeitsgedächtnis sie verlangt. Im Gegensatz hierzu funktioniert das Gehirn im unbewussten Modus wahrscheinlich eher parallel, viel schneller und mit einem viel größeren Datendurchsatz.

Keine spezielle Art von Physik

Wenn Bewusstsein keine reine Illusion ist, müssen sich im Gehirn auch die zugehörigen Vorgänge finden lassen. Tatsächlich hat sich inzwischen eine Neurobiologie des Bewusstseins etabliert, die in einigen Bereichen schon ansehnliche Fortschritte vorweisen kann. Um es ganz klar zu sagen: Entgegen gewisser spekulativer Ansichten verlangt das Bewusstsein keine spezielle Art der Physik, sondern lässt sich mit klassischen neurobiologischen Methoden erforschen. Die einzige Besonderheit besteht darin, dass die Forscher hauptsächlich versuchen, so direkt wie möglich Bewusstseinsphänomene mit neurobiologischen Erscheinungen im Gehirn in Beziehung zu setzen. Als besonders fruchtbar haben sich hier so genannte bildgebende Verfahren am Menschen erwiesen, die dem Gehirn sozusagen bei der Arbeit zusehen können (siehe Beitrag S. 54). Als weitere wertvolle Methode pflanzt man anderen Primaten auch Mikroelektroden ein und kann dann im Wachzustand – teils sogar während sich die Tiere frei bewegen – die Signale von Neuronen aufzeichnen.

Einen bedeutenden Teil unseres Wissens über den bewussten Zustand verdanken wir der Erforschung des Schlaf-Wach-Zyklus, insbesondere den neurophysiologischen Arbeiten von Michel Jouvet am Nationalen Forschungszentrum in Lyon (Frankreich) und Mircea Steriade von der Laval-Universität in ▷

Ausführung. Ein Pianist etwa verliert seine Geläufigkeit und verspielt sich, sobald er über die Noten »nachdenkt«, die er treffen muss. Überdies leisten technische Systeme, was Kognition und Kontrollfähigkeit angeht, weit mehr als der bewusste Mensch – obwohl sie die Kriterien für Bewusstheit nicht erfüllen.

Den radikalen Skeptikern dagegen kann man erwidern, dass das Bewusstsein einen relativ dauerhaften, immer wiederkehrenden Zustand darstellt, der obendrein viel Energie verbraucht. Zugleich ist es mit Verhaltensweisen verknüpft, die für das Individuum und die Gesellschaft wichtig sind. Ist also wirklich vorstellbar, dass Bewusstsein keinerlei Anpassungswert hat? Hierzu noch ein weiterer Gedanke: Wenn das Bewusstsein eine wertvolle Funktion erfüllt, wenn es die Überlebens- und Fortpflanzungschancen eines Organismus erhöht – sollten es dann nicht alle Spezies besitzen? Tatsächlich deuten zahlreiche Befunde darauf hin, dass etwas Ähnliches auch bei verschiedenen Tierarten existiert (siehe den Beitrag S. 26).

Wie erwähnt, bedeutet Bewusstsein einen hohen Aufwand für das Gehirn, denn sowohl beim Wachen als auch im REM-Zustand wird dort sehr viel Stoffwechselenergie umgesetzt. Gleichzeitig benötigt der Organismus insgesamt Erholungspausen, und diese entsprechen beim Säugetier dem Nicht-REM-Schlaf, während dem kaum bewusste Repräsentationen entstehen. Diese beiden Tatsachen sind wohl der Grund dafür, dass Bewusstsein keinen Dauerzustand darstellt. Mit dem Zwang zur Ökonomie lässt sich auch erklären, dass wir selbst im Wachzustand einen großen Teil der Vorgänge in unserem Körper nicht bemerken. Aus biologischer Sicht ist es zweifellos von Vorteil, nur dann in den energetisch teureren Modus zu schalten, wenn unsere Automatik nicht ausreicht. Daher gehören auch unerwartete oder neue Situationen zu den häufigsten Ursachen für die Bildung bewusster Repräsentationen.

Doch noch ein weiterer biologischer Umstand zwingt zu einem eingeschränkten Einsatz des Bewusstseins: Es verlang-

▷ Quebec (Kanada). Kurz gesagt beruht dieser Zustand auf einer Reihe von Vorgängen im Gehirn, deren neuroanatomische Grundlage wir schon großenteils kennen (siehe Grafik rechts). Auch die Mechanismen auf Ebene der Neuronen bis hin zu den Molekülen sind weitgehend erforscht, insbesondere die wichtigsten beteiligten Neurotransmitter, also die signalisierenden Überträgerstoffe an den Schaltstellen zwischen Nervenzellen (siehe Beitrag S. 76).

Dabei sind die Prozesse, die dem Wachzustand und dem REM-Schlaf zu Grunde liegen, dieselben. Sie zeichnen sich insgesamt durch einen höheren Stoffwechsel und ein »desynchronisiertes« Elektroencephalogramm (EEG) aus, erkennbar an einer geringen Amplitude und einer höheren Frequenz der Hirnstromkurven. An den einzelnen Zellen lassen sich statistisch verteilte Nervenimpulse, so genannte Aktionspotenziale messen, deren Muster deutlich von den salvenartigen Entladungen während des Nicht-REM-Schlafs abweicht (siehe Diagramm unten). Überdies herrschen in

bestimmten Neuronen des Thalamus Erregungszustände vor. Die fraglichen Zellen in dieser wichtigen Schaltzentrale des Zwischenhirns entsenden Fasern in die Hirnrinde und stellen in der Tat eine Art Schalter dar: Sobald bei ihnen hemmende Einflüsse überhand nehmen, endet der bewusste Zustand. Dieser Übergang hängt wiederum von zahlreichen anderen Größen ab, insbesondere von der Neuronenaktivität im Hirnstamm, im Hypothalamus und an der Basis der Hirnhemisphären.

In Vorgängen an anderer Stelle unterscheiden sich bewusster Wachzustand und REM-Schlaf. Dies gilt beispielsweise für bestimmte Neuronen des Hirnstamms, die als Neurotransmitter Noradrenalin oder Serotonin zur Signalübertragung nutzen: Im Wachzustand sind diese »noradrenergen« respektive »serotonergen« Zellen sehr aktiv, in REM-Phasen dagegen stumm. Umgekehrt steigt während des Traumschlafs die Aktivität von cholinergen – also mit Acetylcholin arbeitenden – Neuronen der Haubenkerne in dem Brücke genannten Teil des Hirnstamms.

Die noch nicht sehr umfangreichen Daten bildgebender Untersuchungsverfahren bestätigen im Großen und Ganzen die Erkenntnisse der klassischen Neurophysiologie. Überdies haben Hirnscans gezeigt, dass im bewussten Zustand auch das limbische System – unser »emotionales Gehirn« – sowie Regionen im vorderen, frontalen Bereich des Gehirns in Aktion treten. Dabei unterscheidet sich das Aktivierungsmuster, je nachdem ob wir wachen oder träumen. Dies bestätigt, dass Wachbewusstsein und REM-Zustand auf teilweise unterschiedlichen Mechanismen beruhen.

Gespaltenes Gehirn

Sowohl beim Menschen als auch bei Affen wurden insbesondere zwei bewusste Funktionen des kognitiven Apparats intensiv untersucht: verschiedene Formen der Aufmerksamkeit und das Arbeitsgedächtnis. Wieder bestätigen alle Versuche eine Rolle frontaler Hirnregionen bei den beiden Aufgaben (siehe Grafik S. 79). Dieser Bereich ist generell an allen Erscheinungsformen bewussten Handelns beteiligt, wobei er natürlich immer mit anderen Arealen zusammenwirkt und auch die jeweiligen Umstände von Bedeutung sind. Überdies bildet der Frontalcortex, die Stirnrinde, sowohl neuroanatomisch wie auch physiologisch kein einheitliches Ganzes.

Bei Experimenten zur Aufmerksamkeit und zum Arbeitsgedächtnis geht es um die Mechanismen der »diachronen« Einheit, also der Kontinuität des Bewusstseins auch über kurze Zeitspannen. Wie verhält es sich jedoch mit der »synchronen«, auf einen Zeitpunkt bezogenen Einheit? Die wichtigsten Erkenntnisse zur Existenz eines einheitlichen Bewusstseinsfeldes insgesamt und damit auch des Ich, das man diesem zuschreibt, stammen aus Beobachtungen an so genannten Split-brain-Patienten. Der englische Begriff bedeutet wörtlich »gespaltenes Gehirn«. Bei diesen Menschen wurde die Hauptverbindung zwischen den beiden Hirnhälften, der Balken (das Corpus callosum), operativ durchtrennt. Zumeist versuchten die Ärzte damit, die Betreffenden von schweren epileptischen Anfällen zu befreien. Nach dem Eingriff ist es unter bestimmten experimentellen Bedingungen möglich, in den beiden Hirnhälften jeweils verschiedene bewusste Repräsentationen zur gleichen Zeit hervorzurufen. Demnach trägt der Balken dazu

Was das Hirnstrombild verrät

Der bewusste Zustand zeichnet sich durch zwei elektrophysiologische Merkmale aus: erstens durch das »desynchronisierte« Elektroencephalogramm (EEG), erkennbar an einer geringen Amplitude und höherer Frequenz der Hirnstromkurven, und zweitens durch das Muster aus einzelnen Aktionspotenzialen, wie die elektrischen »Entladungen« von Nervenzellen heißen. In diesem Modus sind die Aktionspoten-

ziale voneinander unabhängig. Man kann also aus vergangenen Entladungsintervallen nicht voraussagen, wie lange das nächste dauern wird. Diese Art der neuronalen Aktivität eignet sich am besten für die Übertragung von Informationen. Im Nicht-REM-Schlaf ist das EEG dagegen »synchronisiert«, mit großen Amplituden geringer Frequenz, und die Nervenzellen entladen sich in rhythmischen Salven.

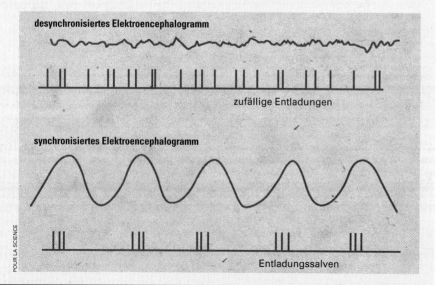

desynchronisiertes Elektroencephalogramm

zufällige Entladungen

synchronisiertes Elektroencephalogramm

Entladungssalven

POUR LA SCIENCE

Netzwerke des Bewusstseins

Verschiedene Systeme des Gehirns sorgen für einen bewussten Zustand. Einige der beteiligten Strukturen und Verbindungen stellt dieses grobe Schema dar. Zur Vereinfachung wurden mehrere Strukturen des Hirnstamms *(10)* zusammengefasst, trotzdem sie sich in ihrer Anatomie, Physiologie und Neurochemie unterscheiden. Vor allem zwei Organisationsebenen des Gehirns sind für das Bewusstsein von Bedeutung: die thalamocorticale und die subthalamische. Erstere umfasst die Relaiskerne *(6)* des Thalamus *(4)*, wo sensorische Bahnen einlaufen, sowie den sensorischen Cortex *(2)*, also die für Sinneswahrnehmungen zuständigen Regionen der Hirnrinde. Zwischen Thalamus und Cortex bestehen wechselseitige Verbindungen, wobei die Relaiskerne mit sensorischen Rindenarealen verknüpft sind. Diese Regelschleifen *(3)* spielen bei der Informationsverarbeitung und bei der Entstehung des bewussten Zustandes eine wichtige Rolle. Vor allem auf einem weiteren Regelkreis – zwischen Retikular- und Relaiskernen *(5 und 6)* – beru-

hen die beiden großen Bewusstseinszustände: der Wachzustand und der so genannte REM-Schlaf oder paradoxe Schlaf mit den Träumen. Wird die Aktivität der Relaiskerne gehemmt, treten im Thalamus und in der Hirnrinde charakteristische Erregungsmuster auf, und zwar rhythmische und in Salven verlaufende neuronale Entladungen vergleichsweise geringer Intensität. Sie sind charakteristisch für traumlosen »Nicht-REM-Schlaf«. Anders im bewussten Wachzustand und im REM-Schlaf mit den Träumen: Hier werden die Thalamus- und Cortexneuronen stark angeregt.

Auf subthalamischer Ebene dagegen unterscheiden sich die Mechanismen für Wach- und Traumzustand. Von Bedeutung ist hier die Retikularformation der Brücke *(12)*: Ist sie überaktiv, träumen wir; wird sie durch den Raphekern *(13)* und den »blauen Kern« *(14)* inhibiert, sind wir wach. Letztere sind beim paradoxen Schlaf stumm. Die Ausschnittsvergrößerung zeigt die Kerne des Hirnstamms mit ihren extrem divergenten Fasern, über die sie zahlreiche Regionen des Cortex und des übrigen Gehirns kontrollieren.

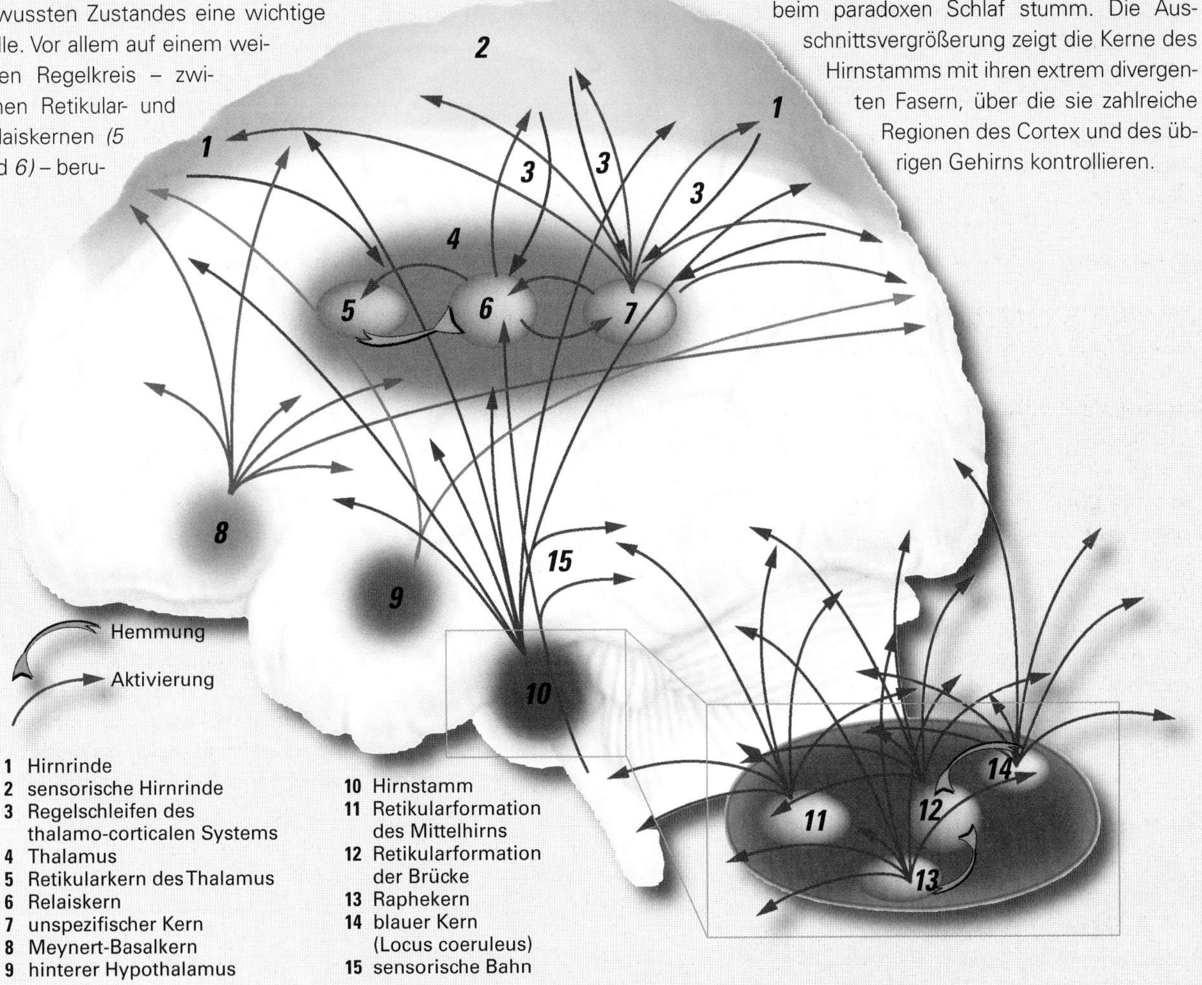

Hemmung

Aktivierung

1 Hirnrinde
2 sensorische Hirnrinde
3 Regelschleifen des thalamo-corticalen Systems
4 Thalamus
5 Retikularkern des Thalamus
6 Relaiskern
7 unspezifischer Kern
8 Meynert-Basalkern
9 hinterer Hypothalamus

10 Hirnstamm
11 Retikularformation des Mittelhirns
12 Retikularformation der Brücke
13 Raphekern
14 blauer Kern (Locus coeruleus)
15 sensorische Bahn

POUR LA SCIENCE

bei, ein globales einheitliches Bewusstseinsfeld entstehen zu lassen.

Wie steht es aber, im kleineren Maßstab, um die Einheit einzelner Objekte bei bewussten Repräsentationen? Bei ihr kommen wahrscheinlich generelle Mechanismen der selektiven Aufmerksamkeit ins Spiel. Im Fall der visuellen

Wahrnehmung zum Beispiel kann man bereits genauere Aussagen über die zugehörigen neuronalen Prozesse machen.

Im Vergleich zu den großen Bewusstseinszuständen sind die einzelnen bewussten Repräsentationen, die während eines solchen Zustandes aufeinander folgen, weniger weit neurobiologisch erforscht.

Ganz offensichtlich stellt das geschilderte Ensemble von Prozessen – wie die Erregung von Thalamus-Neuronen, der erhöhte Energieumsatz und das desynchronisierte EEG – nur eine notwendige Bedingung für solche Repräsentationen dar. Somit müssen weitere, speziellere Mechanismen existieren, die sich überdies von ▷

▷ den gleichzeitig ablaufenden unbewussten Prozessen unterscheiden.

Werfen wir einen Blick auf die wichtigsten experimentellen Ansätze, mit denen man sich diesem Problem nähern kann. Keiner von ihnen stellt freilich einen Königsweg dar.

Die ältesten Hinweise auf die neurobiologischen Grundlagen bewusster Repräsentationen stammen von Patienten, bei denen das so genannte Blindsehen auftritt. Ergründet wurde dieses wissenschaftlich noch immer ergiebige Phänomen vor etwa dreißig Jahren von Larry Weiskrantz an der britischen Universität Oxford. Bei den Betroffenen ist die primäre Sehrinde geschädigt, und sie geben an, in einem Teil ihres Gesichtsfeldes völlig blind zu sein. Standard-Sehtests bestätigen diese Aussage. Bestimmte Methoden zeigen jedoch, dass der Patient auch in der blinden Region – oft nah am intakten Bereich – visuelle Reize entdecken und unterscheiden kann.

Anders als im Normalfall, wo bewusste und unbewusste visuelle Vorgänge nebeneinander existieren und einander beeinflussen, funktioniert beim Blindsehen offenbar nur noch die unbewusste Informationsverarbeitung. Damit erhalten wir für das Sehen genau die gewünschte Chance, die beiden Modi voneinander zu trennen und die spezifischen Grundlagen der bewussten Sehprozesse zu identifizieren: Es handelt sich wohl genau um die Strukturen, die bei dem Syndrom verletzt sind – also im Wesentlichen um die primäre Sehrinde.

Beim Blindsehen funktioniert offenbar nur noch die unbewusste Informationsverarbeitung

Mittlerweile haben Neurowissenschaftler weitere Störungsbilder untersucht, bei denen durch eine Hirnverletzung die Fähigkeit verloren gegangen ist, Objekte bewusst zu erkennen. Die Symptome dieser so genannten Agnosien weisen darauf hin, dass das obere – fachlich: dorsale – visuelle System als Grundlage des bewussten Sehens dient. Sehinformationen, die im ventralen – unteren – System verarbeitet werden, dem Gegenstück zum dorsalen Pfad, bleiben dagegen unbewusst (siehe den Beitrag S. 37).

Wie dem auch sei: Dieser neurologische Ansatz, der sich auf verletzungsbedingte Krankheitsbilder stützt, kann allein im Nachhinein die neuroanatomischen Grundlagen der bewussten Prozesse rekonstruieren. Um aber diese Vorgänge hinsichtlich Dynamik und physiologischer Merkmale zu erforschen, muss man sie beim Menschen und Affen in Echtzeit verfolgen können. Das ermöglichen funktionelle Magnetresonanztomografie, Magnetencephalografie (siehe die Beiträge S. 44 und 54) sowie Elektrophysiologie.

Mit diesen Verfahren werden im Experiment überwiegend die neurobiologischen Grundlagen, die neurobiologischen »Korrelate« der visuellen Wahrnehmung untersucht. Diese zeichnet sich im Fall einer bewussten Repräsentation durch die Aspekte Intentionalität und Qualia aus. Außerdem eignet sie sich besonders gut für Experimente sowohl am Tier als auch am Menschen.

Erinnern wir uns, dass die bewusste Wahrnehmung keine isolierten Reize, also keine bruchstückhaften Sinnesinformationen zum Inhalt hat, sondern einheitliche und trotz ihres multidimensionalen Charakters unveränderliche Objekte und Gegebenheiten. Das Hauptproblem, das die neurobiologische Forschung daher lösen muss, betrifft den Bindungsmechanismus. Wie fügt das Gehirn die unterschiedlichen Merkmale eines Objekts – beispielsweise seine Farbe, seine Form, seine Oberflächenbeschaffenheit und seine relative Größe – zu einem Gesamteindruck zusammen? Warum stellt sich dieses Objekt in der bewussten Wahrnehmung als unveränderliche Realität dar, und warum erkennen wir es aus verschiedenen Entfernungen, in Bewegung, an unterschiedlichen Orten, bei verschiedenen Lichtverhältnissen und aus verschiedenen Blickwinkeln? Diese Fragen sind umso schwieriger zu beantworten, als die verschiedenen Eigenschaften und Umgebungsparameter größtenteils durch verschiedene Populationen von Nervenzellen verarbeitet werden.

Bei Tierstudien haben sich zwei mögliche Mechanismen herauskristallisiert, die einander nicht ausschließen und wahrscheinlich sogar ergänzen. Zum einen könnte die Bindung, welche der Wahrnehmung von Objekten zu Grunde liegt, auf definierten zeitlichen Beziehungen beruhen. Demnach synchronisieren alle Neuronen, welche die verschiedenen Eigenschaften eines Objekts codieren, ihre Aktivität (siehe den Beitrag S. 20). Zum anderen könnte das Nervensystem hierarchisch organisiert sein. Nach diesem Modell senden alle Nervenzellen, die auf die unterschiedlichen Merkmale eines Objekts ansprechen, Signale an ein bestimmtes Neuron – und dessen Aktivierung codiert das Objekt in seiner Gesamtheit.

Die Debatte um diese beiden Modelle dauert noch an, aber wie auch immer sie ausgeht: Auf den letzten Stufen des ventralen visuellen Pfades reagieren zahlreiche Nervenzellen nicht mehr auf elementare Sehreize, sondern bevorzugt auf komplexe, multidimensionale Objekte – insbesondere solche, die in der Natur vorkommen wie Gesichter, Früchte oder

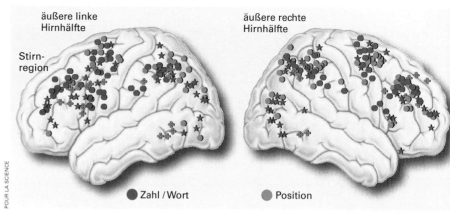

äußere linke Hirnhälfte

Stirnregion

äußere rechte Hirnhälfte

● Zahl / Wort   ● Position

POUR LA SCIENCE

▲ Hirnscans identifizierten Rindenregionen, die besonders aktiv werden, wenn wir unser Arbeitsgedächtnis bemühen. Jedes Symbol steht für ein Experiment, und die Art des jeweiligen Symbols entspricht dem durch den Test angesprochenen Typ von Arbeitsgedächtnis. Bei jedem Aufgabentyp springt eine Region bevorzugt an; immer sind aber frontale Bereiche des Gehirns beteiligt. Der Scheitellappen wird beispielsweise besonders, aber nicht ausschließlich, bei Positionsbestimmungen gefordert.

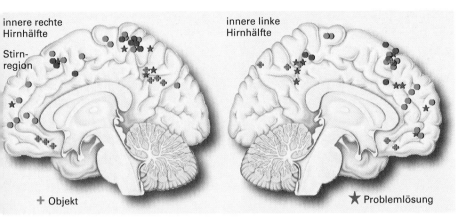

innere rechte Hirnhälfte

Stirnregion

innere linke Hirnhälfte

+ Objekt

★ Problemlösung

Hände. Überdies gehorchen diese Nervenzellen dem Prinzip der »perzeptiven Konstanz«. Sie reagieren also auch dann noch bevorzugt auf »ihr« Objekt, wenn dieses plötzlich unter anderen Bedingungen präsentiert wird.

Die Untersuchung des menschlichen Gehirns mittels bildgebender Methoden hat weniger exakte Ergebnisse erbracht. Zwei Forscherteams – das eine um Kalanit Grill-Spector vom Weizmann-Institut in Rehovot (Israel), das andere um Nancy Kanwisher von der Harvard-Universität in Cambridge (Massachusetts) – konnten jedoch nachweisen, dass eine hinten seitlich – »occipito-temporal« – gelegene Region der Hirnrinde besonders aktiv wird, wenn eine Versuchsperson ein überhaupt identifizierbares Objekt erkennt. Nichts dergleichen geschieht, sieht sie nur ein wirres, nicht identifizierbares Gemisch von Reizen – zum Beispiel zufällig angeordnete Teilstücke eines Objekts. Interessanterweise sprechen in beiden Fällen die primären Sehregionen in gleicher Weise an. Dies zeigt, dass die Identifikation von Objekten weit mehr umfasst als die einfache Aufnahme von Reizen. Sie stützt sich auf Neuronenensembles, die möglicherweise zu den gesuchten besonderen Grundlagen der bewussten Wahrnehmung zählen.

Bei den bisher beschriebenen Experimenten ging es vor allem um die Intentionalität der Wahrnehmung, die Bezugnahme auf ein Objekt. Wie verhält es sich jedoch mit dem Aspekt der Qualia, also der emotionalen Tönung von Bewusstseinsinhalten? Der neurobiologische Ansatz bestätigte hier die Resultate der experimentellen Psychologie und die phänomenologischen Beschreibungen: In der normalen Wahrnehmung sind die Qualia eng mit der Intentionalität verknüpft; sie können jedoch auch getrennt existieren und werden von anderen Ner-

venzellen codiert. Letztere liegen vor allem im limbischen System und sind eng mit den Neuronen verschaltet, welche die Objekte repräsentieren. Zumindest im Prinzip scheint eine Neurobiologie der Qualia also kein unüberwindliches Problem darzustellen.

Die größte Schwierigkeit, Korrelate von bewussten Repräsentationen zu erforschen, bereitet jedoch nicht der Aspekt der Qualia, sondern die Verflechtung von bewussten und unbewussten Prozessen innerhalb desselben Bewusstseinszustandes. Dieses Hindernis lässt sich zumeist mit keinem Experiment völlig ausräumen. Zwar ist ein bewusster Prozess gut dadurch charakterisiert, dass er sich auf ein multidimensionales und invariantes Objekt bezieht, doch schließt dieses Kriterium umgekehrt nie aus, dass gleichzeitig unbewusste Vorgänge ablaufen.

Weder holistisch noch reduktionistisch

Die derzeit beste Lösung für dieses Problem stützt sich auf die so genannte binokulare Rivalität. Dieses Phänomen lässt sich beobachten, wenn man einer Versuchsperson auf jedem Auge ein anderes Objekt präsentiert, etwa rechts ein R und links ein L. Dann sieht der Betreffende nie beide gleichzeitig, sondern der visuelle Eindruck springt in unregelmäßigen, einige Sekunden dauernden Abständen von einem Objekt zum anderen. Mit anderen Worten: Sowohl R wie L werden jeweils im Wechsel manchmal bewusst und manchmal unbewusst wahrgenommen. Auf diese Weise ist es im Prinzip möglich, die jeweils zugehörigen neurobiologischen Vorgänge beim Sehen zu identifizieren.

Die Resultate, die mit dieser Methode erzielt wurden, sind schwer zu interpretieren, und es gibt noch wenige Daten. Insbesondere die Erkenntnisse von Nikos Logothetis vom Max-Planck-Insti-

tut für biologische Kybernetik in Tübingen bestätigen jedoch im Grunde, dass bewusste und unbewusste Wahrnehmung auf unterschiedlichen Grundlagen im Gehirn beruhen. Beim Affen beispielsweise werden mit der bewussten Wahrnehmung bestimmte Rindenregionen des Schläfen- und Stirnlappens aktiviert.

Dieser kurze Aufriss lässt die gesamte Vielfalt der Neurobiologie des Bewusstseins nur ahnen. Um nicht zu fachlich zu werden, habe ich mich oft darauf beschränkt, nur die Hirnregionen zu bezeichnen, die bei diesem oder jenem Aspekt des Bewusstseins eine Rolle spielen. Daher könnte der Eindruck entstehen, die Neurobiologie des Bewusstseins sei »lokalisationistisch«, aber dies stimmt nicht. Sie liefert nicht nur neuroanatomische Daten, sondern deckt auch genaue Mechanismen auf. Der Übergang von bewusst zu unbewusst beispielsweise hängt zu einem Gutteil davon ab, dass mittels eines Einstroms von Calciumionen durch die Membran bestimmter Neuronen des Thalamus eine elektrische Aktivierung erfolgt. Dank der Bildgebung und der Elektrophysiologie kann die Neurobiologie nicht zuletzt auch derartige Vorgänge und ihre Dynamik verfolgen.

Nach derzeitigem Wissensstand ist die neurobiologische Grundlage des Bewusstseins weder holistisch in einer gewissen Gesamtkonstellation eines äquipotenzialen Nervensystems zu suchen noch reduktionistisch in einem besonderen Typ von Neuronen beziehungsweise Organellen oder Molekülen der Zelle. Vielmehr präsentieren sich Teile des Bewusstseins offenbar als spezielle Wechselwirkungen zwischen entweder bekannten oder zumindest identifizierbaren Neuronenensembles, die sich vielfältiger zellulärer und molekularer Mechanismen bedienen. ◁

Jean Delacour ist Honorarprofessor der Université Paris 7. Dort gründete er den Service d'enseignement und das Labor für Neurowissenschaften des Verhaltens. Zuvor arbeitete er an den amerikanischen Nationalen Gesundheitsinstituten in Bethesda (Maryland).

Gehirn und Geist. Wie aus Materie Bewusstsein entsteht. Von Gerald Edelman. C. H. Beck-Verlag 2002

Cognitive Neuroscience: The biology of the mind. Von M. Gazzaniga, R. Ivry und G. Mangun. 2. Auflage, W. W. Norton & Company, New York 2002

Neurobiology of consciousness: an overview. Von Jean Delacour in: Behavioural Brain Research, Bd. 85, S.127, 1997

AUTOR UND LITERATURHINWEISE

Ein Spiel von Spiegeln

Hirnneuronen schließen sich zeitweise zu Gruppen zusammen, indem sie ihre Aktivität synchronisieren. Solche gleichzeitig feuernden Zell-Ensembles könnten die Grundlage unserer bewussten Wahrnehmung bilden – auch unseres inneren Auges.

Von Wolf Singer

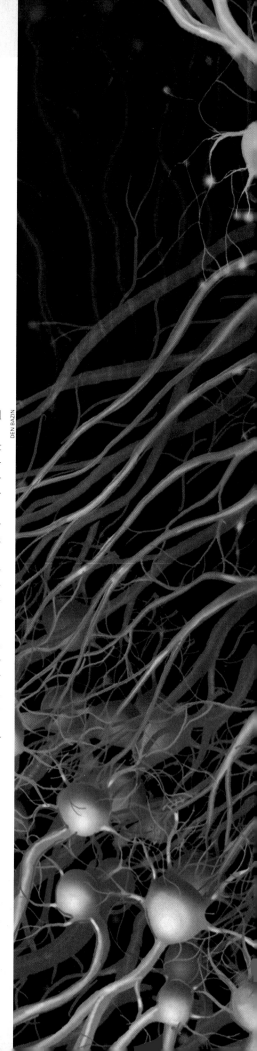

DEN BAZIN

Wie entsteht aus Materie die Welt des Geistes? Unser Gehirn verfügt über rund 100 Milliarden Nervenzellen, und in der Großhirnrinde ist jede mit vielen tausend anderen verbunden. Die Zahl der möglichen Konfigurationen, die sich durch den Zusammenschluss von nur tausend beliebigen Neuronen erzeugen lassen, ist astronomisch groß. Daher wäre es denkbar, dass Untergruppen von Hirnneuronen oder, wie wir sie nennen, Neuronen-Ensembles den Code für all die Inhalte darstellen, die unser Gehirn wahrzunehmen und sich vorzustellen in der Lage ist. Diese Hypothese ist attraktiv, aber sie erklärt wenig; sie lässt offen, wie solche Neuronenverbände konstituiert werden, was sie aufrechterhält und wie sie ausgelesen werden.

Wir haben uns daher am Max-Planck-Institut für Hirnforschung in Frankfurt in den vergangenen Jahren mit den Vorgängen befasst, die im Gehirn ablaufen, wenn visuelle Sinnesreize verarbeitet werden. Diese Arbeiten legen die Hypothese nahe, dass Nervenzellen, die sich an der Codierung desselben Objekts beteiligen, ihre Entladungen synchronisieren. Um dieses Konzept der Bindung durch Synchronisation geht es im Folgenden, und zwar speziell um drei Aspekte:

▶ wie Zellen durch die Modulation ihrer Aktivität sich als zum selben Verband und damit zum selben Vorstellungsbild oder Gedanken gehörend identifizieren,

▶ warum die Synchronisierung so gut geeignet ist, Neuronen zu Funktionseinheiten zusammenzufassen und die Interaktion zwischen verschiedenen Einheiten zu organisieren,

▶ wie die Synchronisation dazu beitragen könnte, Wahrnehmungsinhalte in das Bewusstsein zu heben.

Zunächst muss jedoch geklärt werden, wie unser Gehirn überhaupt Objekte als solche erkennt. Denn Bewusstsein ist immer Bewusstsein »von etwas«. Davon kann man sich leicht überzeugen: Versuchen Sie einmal, an nichts zu denken! Sofort werden unzählige Bilder vor Ihrem geistigen Auge auftauchen. Oder stellen Sie sich vor, Sie befinden sich in einem Wohnzimmer, inmitten einer abwechslungsreichen Umgebung mit Regalen, Büchern, Tischen und Gläsern ▷

▶ Zwei unterschiedliche Gruppen von Neuronen, hier künstlerisch verfremdet, synchronisieren gerade ihre Aktivität. In der ersten Gruppe (grün) treten bereits zahlreiche Entladungen gemeinsam auf, symbolisiert durch gelbe Punkte. Der zweite Verband (blau) beginnt erst, seine Aktivität mit dem ersten zeitlich abzustimmen, symbolisiert durch weniger zahlreiche orange Punkte. Derartige Verbände aus im Gleichtakt feuernden Hirnneuronen sind wahrscheinlich an der Entstehung mentaler Bilder beteiligt.

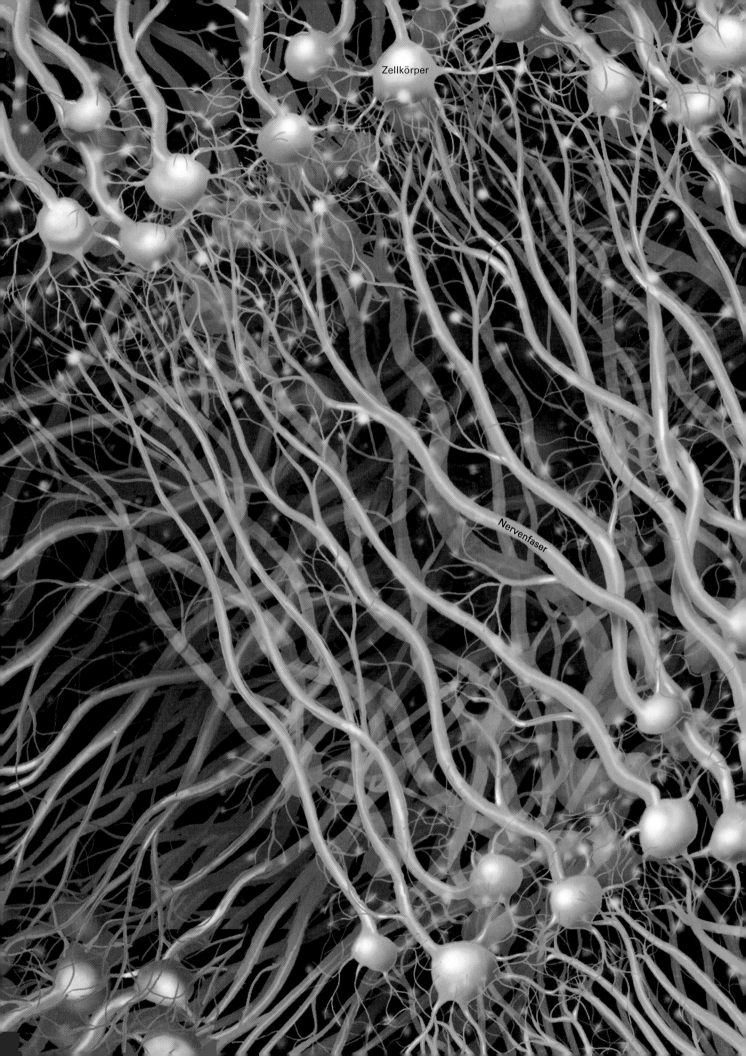

Zellkörper

Nervenfaser

▷ mit Getränken. Mehrere Personen sind zugegen, die sich grüppchenweise unterhalten. Ohne dass Sie darauf achten, lösen Ihre Sinne die Szene in identifizierbare Objekte auf. Dies geschieht anhand bestimmter Eigenschaften der Objekte: der Kontinuität ihrer Umrisse, der Kohärenz ihrer Bewegungen, ihrer Symmetrie oder der Ähnlichkeit ihrer Bestandteile.

Um herauszufinden, wie das Gehirn mehrere Elemente zu einem einzigen Objekt zusammenfasst, untersuchten wir in Frankfurt, wie Muster verarbeitet werden, die aus mehreren bewegten Komponenten bestehen. Wir präsentierten Katzen zwei übereinander liegende, orthogonal orientierte Streifenmuster, die sich in unterschiedliche Richtungen bewegten. Gleichzeitig registrierten wir die elektrische Aktivität von mehreren Neuronen in der Sehrinde der Tiere. In dieser Hirnregion liegen Zellen, die bevorzugt auf orientierte Konturen ansprechen, die sich in bestimmte Richtungen bewegen.

Was nimmt der Beobachter wahr? Zu Beginn sieht man zwei Streifenmuster, die in unterschiedlichen Richtungen übereinander gleiten (linke Hälfte der Abbildung oben). Werden jedoch die Kreuzungspunkte der Linien heller gemacht, ändert sich die Wahrnehmung: Man sieht dann ein einziges Gitter aus überkreuzten Linien, das sich senkrecht nach oben bewegt (rechte Hälfte der Abbildung). Dieses Phänomen wird offenbar von Tieren in gleicher Weise wahrgenommen, wie sich durch Messung der Folgebewegung der Augen zeigen lässt.

Gleicher Takt statt gleicher Ton

Diese Änderung in der Wahrnehmung eines physikalisch kaum modifizierten Musters geht mit Änderungen der neuronalen Antworten einher. Solange die Streifenmuster als getrennt und übereinander gleitend gesehen werden, sind die Antworten von Nervenzellen, die auf das eine beziehungsweise das andere Muster reagieren, unkorreliert. Es handelt sich um die Zellen, die bevorzugt auf Bewegungen nach rechts oben beziehungsweise links oben ansprechen. Die beiden Zellgruppen reagieren unabhängig voneinander; ihre Entladungen erfolgen nicht im Gleichtakt. Wird aber ein einziges Gitter wahrgenommen, das sich vertikal nach oben verschiebt, werden zwar wiederum beide Zellgruppen aktiviert – aber diesmal synchronisieren sich ihre

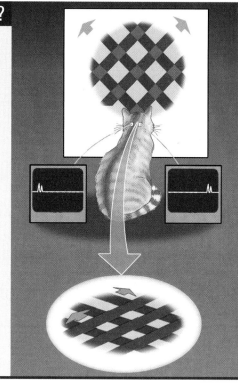

Getrennt oder vereint?

Eine Katze beobachtet zwei übereinander liegende Muster aus parallelen Streifen. Das eine bewegt sich nach links oben, das andere nach rechts oben. Das Sehsystem des Tieres nimmt entweder zwei Streifenmuster wahr, die in verschiedene Richtungen übereinander weggleiten (linke Hälfte), oder bei aufgehellten Kreuzungspunkten ein einziges, vereinigtes Raster, das sich genau in die dazwischen liegende Richtung bewegt, also direkt nach oben (rechte Hälfte). Im ersten Fall feuern die »Richtungsneuronen«, die auf Bewegung nach links oben beziehungsweise rechts oben am besten ansprechen, voneinander unabhängig (weiße Zacken). Im zweiten Fall entladen dieselben Nervenzellen synchron.

Entladungen und erfolgen immer exakt im gleichen Moment. Auf diese Weise wird ein eindeutiger Bezug zwischen den Entladungen beider Neuronengruppen hergestellt. Dieses Synchronisationsphänomen könnte dem gesuchten Mechanismus für den vorübergehenden Zusammenschluss von Neuronen entsprechen: Alle Zellen, die im selben Takt feuern, gehörten dann zu dem Verband von Neuronen, der das gleiche Objekt repräsentiert.

Diese Art der Codierung bietet mehrere Vorteile. Zum einen können die unterschiedlichen Wahrnehmungen rascher aufeinander folgen als es möglich wäre, wenn alleine die Entladungsfrequenz der Neuronen genutzt würde, um auszudrücken, welche Antworten jeweils »miteinander gebunden« werden sollen. Damit es nicht zu Verwechslungen kommt, dürften dann nämlich jeweils immer nur die Neuronengruppen gleichzeitig aktiv sein, die für ein Objekt codieren. Alle anderen müssten solange stumm bleiben. Zwischen der Aktivierung von Neuronengruppen, die verschiedene Objekte codieren, müsste immer mindestens so viel Zeit liegen, wie die sequenzielle Analyse der Entladungsraten dauert – sonst wäre nicht zu erkennen, welchem Verband ein aktives Neuron angehört. Dies würde die Wahrnehmungsvorgänge stark verlangsamen.

Tatsächlich hat sich bei unseren Versuchen die Entladungsrate der Neuronen nicht merklich geändert, wenn die Katze von einer Art der Wahrnehmung zur anderen wechselte. Nun erhebt sich natürlich die entscheidende Frage: Ist die synchrone Aktivität von Neuronen auch ein Anzeichen dafür, dass die entsprechenden Prozesse bewusst sind?

Hierzu stellten wir mit den Katzen ein anderes Experiment an. Wir positionierten dicht vor ihren Augen zwei verschiedene Objekte – im Experiment waren dies verschieden orientierte, sich bewegende Gittermuster. Gleichzeitig wurde das Gesichtsfeld des Tieres durch einen doppelseitigen Spiegel in der Verlängerung der Nase zweigeteilt. Wenn die Katze nun das rechte Muster ansieht, fixiert ihr rechtes Auge dieses und folgt dem Reiz, während das linke Auge mit dieser Bewegung automatisch mitgeht und umgekehrt (siehe Abbildung S. 24). Das Gehirn empfängt zwei Bilder, die sich überlagern, aber nicht zusammenpassen. Es muss sich entscheiden, welchem von beiden es seine Aufmerksamkeit schenkt. Wendet es diese dem rechten Muster zu, erfolgt die bewusste Wahrnehmung über das rechte Auge, und die Signale vom linken Auge bleiben unbewusst und umgekehrt.

Wir registrierten bei diesem Versuch die Aktivität der Sehrinde, und zwar von Zellen, die mit dem rechten respektive

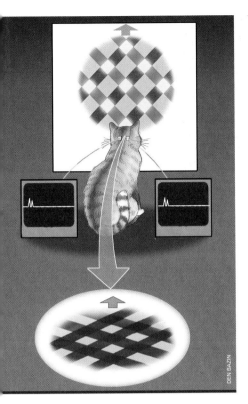

dem linken Auge der Katze in Verbindung stehen. Wie sich zeigte, synchronisieren die zum linken Auge gehörenden Neuronen ihre Entladungen dann, wenn das Tier seine Aufmerksamkeit auf das linke Muster richtet. Setzt es dagegen das rechte Auge ein, synchronisieren sich die Neuronen der anderen Seite, und erstere verlieren ihren Takt.

Vorbereitung ist alles – auch im Gehirn

Die Synchronisierung der neuronalen Aktivität steigt mit der Aufmerksamkeit des Tieres. Wir haben Katzen darauf trainiert, mit ihrer Pfote einen Hebel zu drücken, wenn sie beobachten, dass sich die Orientierung eines Streifenmusters ändert. So konnten wir feststellen, dass nicht nur Neuronen des Sehsystems in Gleichtakt fallen, wenn die Katze diese Aufgabe ausführt, sondern auch die an der Bewegung der Pfote beteiligten Zellen. Die Synchronisation überspannt also weit entfernte Hirnregionen, hier den visuellen Cortex im Hinterhauptslappen sowie Regionen in der Scheitel- und Stirnrinde des Gehirns. Die ersten Ansätze der Synchronisation lassen sich zudem bereits dann beobachten, wenn die Katze vor dem Bildschirm Platz nimmt und sich bereit hält, den Hebel zu drücken. Man sieht, wie die visuellen, assoziativen und motorischen Hirnrin-

denregionen schon während der Erwartung der Aufgabe im Gleichtakt zu schwingen beginnen.

Das Tier in unserem Versuch muss den Auslösereiz wahrnehmen, ihn als solchen erkennen und durch eine Bewegungshandlung reagieren, also den Hebel drücken. Nehmen wir an, es aktiviert für das Niederdrücken unter anderem einen Verband von einigen tausend motorischen Rindenneuronen, die wiederum die so genannten Motoneuronen im Rückenmark anregen, was schließlich zur Kontraktion von Muskeln führt. Diese fällt umso stärker aus, je intensiver die Erregung der Rückenmarksneuronen ist.

Eine Möglichkeit, die Signalstärke zu steigern, liegt darin, die Frequenz der Impulse zu erhöhen, sodass die ankommenden Signale zeitlich eng beieinander liegen. Man spricht hier von »zeitlicher Summation«, aber auch eine »räumliche« Summation ist möglich. So haben Charles Stevens und Anthony Zador vom Salk-Institut im kalifornischen La Jolla nachgewiesen, dass beispielsweise die Neuronen der Hirnrinde leichter zu aktivieren sind, wenn sie von vorgeschalteten Zellen synchrone Aktivität erhalten. In diesem Fall addieren sich die erregenden synaptischen Potenziale weit effektiver, als wenn sie asynchron ankommen.

In unserem Fall bedeutet das: Wenn die Zellen eines Neuronenverbandes der Hirnrinde gleichzeitig feuern, gewinnen sie mehr Einfluss auf ihresgleichen in anderen Rindenregionen. Dies erhöht die Wahrscheinlichkeit, dass Sinnessignale von sensorischen zu motorischen Rindenarealen durchgeschaltet werden.

Wenn eine gewisse Synchronisierung der Neuronen schon während der »Vorbereitungsphase« des Hebeldruck-Versuchs einsetzt – warum bewegt das Tier seine Pfote nicht bereits dann? In diesem Fall handelt es sich um eine unterschwellige Synchronisation. Die Neuronen der Sehrinde sind auch spontan aktiv, aber diese leicht fluktuierende Erregung ist nur selten synchron, solange keine Sehaufgabe ansteht. Wenn die Katze sich nicht konzentriert, reagieren die Neuronen unkorreliert – je nach aktuellem Grunderregungszustand – auf einen Reiz. Einige der Zellen des Sehcortex feuern daher sofort, andere ein bis vier Hundertstelsekunden später. Die Entladungen sind nicht hinreichend synchronisiert, um in nachgeschalteten Arealen weiterverarbeitet zu werden.

Wenn sich die Katze dagegen konzentriert, sind die Fluktuationen vorsynchronisiert. Trifft nun das Reizsignal ein, stehen alle Zellen jeweils am selben Punkt ihres Zyklus. Sind sie gerade gering erregbar, feuert keine; sind sie hoch erregbar, entladen sie sich alle gleichzeitig. Die Vorsynchronisierung stellt die schnelle Synchronisation der neuronalen Netze sicher und bewirkt damit eine effizientere Signalübermittlung zwischen den Ensembles.

Wort und Farbe verknüpfen

Der gleiche Mechanismus könnte auch der Steuerung von Aufmerksamkeit und damit der Auswahl von Reizen dienen, die der bewussten Wahrnehmung zugeführt werden. In dem Versuch, in dem das Tier mit jedem Auge Verschiedenes sah, verlagerte sich die gesamte Aufmerksamkeit auf ein Auge, während das andere passiv nachgeführt wurde. Die Neuronen, die mit dem dominanten Auge in Verbindung stehen, entluden sich synchron und konnten daher die elektrische Aktivität von Neuronenverbänden in anderen Regionen der Hirnrinde beeinflussen – unter anderem das motorische Feld, das die Bewegungen der Augen steuert. Dieser Regelkreis steuerte die Augen so, dass sie mit dem bewusst wahrgenommenen Reiz Kontakt halten können. Demnach kann man an der Synchronisierung offenbar diejenigen Nervenzellen erkennen, die vorübergehend an der Vermittlung bewusster Wahrnehmungsinhalte beteiligt sind.

Die Synchronisation der elektrischen Aktivität könnte also wie eine Bindungsklammer wirken, die den Zellverbänden Zusammenhalt und Durchsetzungsvermögen verleiht. Doch wie entstehen solche Synchronisationen? Nehmen wir als Beispiel den Erwerb der Sprache: Ein kleines Kind lernt die Bedeutung des Wortes »Rot«, indem es den akustischen Reiz – das Wort – und den optischen Reiz – die Farbe – miteinander assoziiert. Dabei werden in seinem Gehirn durch die akustische Wahrnehmung und durch die Sehwahrnehmung zunächst zwei unabhängige Neuronenverbände aktiviert. Um dem Wort Sinn zu verleihen, gilt es, diese beiden Verbände künftig dauerhaft zu verknüpfen.

Gehen wir ein Stück in die Details des entsprechenden Mechanismus. Wir betrachten zwei Neuronen, eines in jedem Netz. Die Zellen stehen über Synap- ▷

Konkurrenz im Spiegel

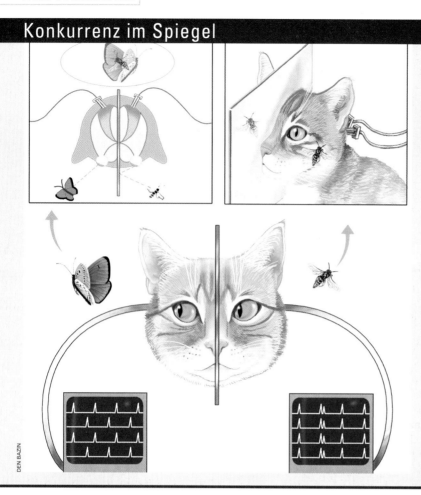

DEN BAZIN

Eine Katze bekommt einen Spiegel längs zu ihrer Nasenlinie aufgestellt und auf jeder Seite getrennte Muster präsentiert, hier als zwei Objekte dargestellt. Zur gleichen Zeit wird die Aktivität der Sehrinde ihres Gehirns gemessen. Wenn das Tier beispielsweise den Schmetterling mit seinem rechten Auge anvisiert (kleines Bild links oben), folgt das linke Auge dieser Richtung und erblickt dadurch über den Spiegel das Bild des anderen Objekts. Die Katze sieht also hier Schmetterling und Wespe einander überlagert.

Um diesen Konflikt zu lösen, muss sie sich für die bewusste Wahrnehmung eines der beiden Insekten entscheiden. Ist es der Schmetterling, fallen die zum rechten Auge gehörigen Neuronen in Gleichtakt (Messwerte unten rechts, wegen der Überkreuzung der Sehbahnen im Gehirn), während die dem linken Auge zugeordneten Hirnzellen zu verschiedenen Zeitpunkten feuern (Messkurven unten links). In Wirklichkeit wurden für den Versuch wieder Streifenmuster verwendet.

▷ sen miteinander in Verbindung, spezialisierte Kontakte, an denen die elektrische Erregung durch chemische Überträgerstoffe von Zelle zu Zelle weitergegeben wird. Bevor Wort und Farbe miteinander verknüpft sind, ist die Effizienz der entsprechenden Synapsen niedrig. Es besteht nur geringe Wahrscheinlichkeit, dass ein Signal von einer der Nervenzellen auf die andere überspringt. Die Chancen sind nicht höher als bei zwei beliebigen, miteinander verbundenen Neuronen des Gehirns. Um die beiden Repräsentationen miteinander zu koppeln, muss diese Wahrscheinlichkeit steigen. Mit anderen Worten: Es gilt, den Wirkungsgrad der synaptischen Schnittstelle zu verbessern.

In zahlreichen Experimenten wurde die Wahrscheinlichkeit gemessen, mit der ein Neuron auf das andere »anspricht«, abhängig davon, ob die Zellen vorher im Gleichtakt arbeiteten oder nicht. Ergebnis: Die Übertragung zwischen zwei Nervenzellen verbessert sich, wenn beide wiederholt innerhalb eines Zeitintervalls von einigen Millisekunden aktiv waren, wenn sie sich also synchron entluden. Auf diese Weise entstehen privilegierte, verstärkte Verknüpfungen zwischen Neuronen – und somit Ensembles. So könnte die Synchronisation drei wesentliche Funktionen erfüllen:

▶ als Signatur der Zusammengehörigkeit von Neuronenverbänden dienen,

▶ die aufmerksamkeitsabhängige Selektion von Sinnessignalen vermitteln,

▶ zur lernbedingten Verkoppelung von Neuronenensembles beitragen.

Wer schwingt den Taktstock?

Schließlich bleibt aber noch die fundamentale Frage: Wer oder was stimmt die Aktivität der Neuronen aufeinander ab, welcher Mechanismus sorgt für die Synchronisierung? Gibt es tief im Inneren des Gehirns einen »Dirigenten«, der den Neuronen in der Hirnrinde den Takt vorgibt, oder gelingt es den Zellverbänden, sich selbst zu synchronisieren?

Um dies zu ergründen, haben wir den Balken durchtrennt. Es ist dies ein mächtiges Bündel aus Nervenfasern, das die beiden Hirnhälften verbindet und dafür sorgt, dass Informationen von einer Seite auf die andere gelangen können. Alle anderen Bereiche des Gehirns – namentlich die subcorticalen Zentren, denen die globale Koordination zukommen könnte – bleiben intakt. Wie sich zeigte, verschwindet die Synchronisierung der Neuronen zwischen den beiden Hirnhälften.

Damit kommen wir den »Synchronisationsmechanismen« einen Schritt näher: Gäbe es auf der Ebene unterhalb der Hirnrinde wirklich einen »Dirigenten«, würde er weiterhin seine Anweisungen an beide Hemisphären schicken. Die Tatsache, dass die Zellen außer Tritt geraten, deutet jedoch darauf hin, dass sich die Neuronen innerhalb der Hirnrinde gegenseitig steuern. Um im Bild zu bleiben: Die Neuronenverbände brauchen keinen Dirigenten – sie finden ihren Rhythmus von ganz allein, ähnlich wie Kammermusiker, die sich gegenseitig beobachten, um im Takt zu bleiben.

Wie sich die Nervenzellen aufeinander in sinnvoller Weise einstimmen, ist noch nicht vollends geklärt. Peter König und Thomas Schillen aus meiner Arbeitsgruppe ist es jedoch gelungen, das Verhalten von Neuronen elektronisch zu simulieren, und zwar mit Hilfe harmonischer

Oszillatoren, durch die sich die Entladungseigenschaften der echten Vorbilder nachahmen lassen. Sie programmierten die künstlichen Zellen so, dass sie einander sowohl erregen als auch hemmen. In der Folge fielen die ursprünglich nach einem Zufallsmuster aktiven Oszillatoren von selbst in Gleichtakt. Dabei durfte die Übermittlung des Signals zwischen zwei elektronischen Neuronen nicht länger dauern als ein Drittel der Schwingungsperiode. Bei unseren Experimenten betrug die Leitungszeit zwischen den beiden Hirnhemisphären rund fünf Millisekunden, und die Periode der Oszillationen lag bei 25 Millisekunden.

Die Querverbindungen zwischen Hirnrindenregionen sind also prinzipiell in der Lage, auch weit entfernte Zellgruppen zu synchronisieren. Wodurch aber erlangen diese Verbindungen die Spezifität, die sie zur Induktion funktionell sinnvoller Synchronisationsmuster brauchen? Wie bereits gesagt, verstärken sich die synaptischen Verbindungen und damit auch die Fähigkeit zum Informationsaustausch zwischen Neuronen, wenn die Zellen synchron aktiv sind. Von Geburt an findet sich bereits eine gewisse Selektivität in der Verknüpfung von Hirnrindenneuronen.

Einige Verbindungen sind von Natur aus stärker als andere, wodurch sich ein vorgeprägter Schaltplan ergibt. Im Rahmen dieser Vorläuferschaltkreise kann dann durch visuelle Erfahrung die Feinorganisation der Neuronenverbände stattfinden: Wenn Neuronen durch Objekte der Sehwelt gleichzeitig aktiviert werden, etwa durch kontinuierliche Umrisse, dann werden die Verbindungen zwischen diesen aktiven Zellen sozusagen »fixiert«. Die bestehenden Synapsen verstärken sich, wodurch wiederum die Synchronisierung eben dieser Nervenzellen erleichtert wird, wenn ähnliche Reize wiederholt auftreten. Somit können über Lernen synchronisierende Verbindungen geprägt und Neuronenensembles ausgebildet werden.

Die neuronale Repräsentation eines komplexen visuellen Objektes würde demnach aus den synchronen Entladungen Hunderter oder Tausender von Neuronen bestehen, die über viele Hirnrindenareale verteilt sein können. Bestimmte Areale – die so genannten Assoziationsregionen – könnten dann die Aufgabe übernehmen, die Aktivität mehrerer neuronaler Verbände zu synchronisieren und so die verschiedenen Eigenschaften eines Objekts zu vereinigen: seine Form, Farbe, Konsistenz, Bewegung und Position im Raum.

Jeder kann sich aber auch eine Filmszene vorstellen, irgendein Objekt des täglichen Lebens oder ein Gesicht, ohne dass davon etwas real sichtbar wäre. Beruht diese für unser Bewusstsein charakteristische Fähigkeit zu abstrakten Repräsentationen ebenfalls darauf, dass sich Neuronenpopulationen synchron entladen? Diese Frage ist schwieriger zu beantworten, da eine Erforschung von »ins Gedächtnis gerufenen« mentalen Bildern nur beim Menschen möglich ist. Hier ist man auf nicht-invasive Messverfahren angewiesen, mit denen sich wegen zu geringer räumlicher Auflösung nur noch die Summenaktivität großer Nervenzellverbände erfassen lässt.

Ein Spiegel für das geistige Auge

Catherine Tallon-Baudry und Francisco Varela am Hospital La Pitié-Salpêtrière in Paris haben sich der so genannten Elektroencephalografie bedient, mit der sich die elektrische Gehirnaktivität von der Kopfhaut aus registrieren lässt. Hiermit machten sie Vorgänge im Gehirn von Personen sichtbar, die sich an kurz zuvor betrachtete Objekte erinnerten oder schwer zu erkennende Gesichter bewusst wahrnahmen. Resultat der Forscher: In dem Augenblick, in dem die Versuchspersonen das Bild »visualisierten« oder das Muster erkannten, synchronisierten verschiedene, mehrere Zentimeter voneinander entfernte Areale ihre Entladungszyklen. Demnach dürfte die Synchronisierung nicht nur der Signalvorverarbeitung zu Grunde liegen, sondern auch der internen Repräsentation von Objekten.

Diese Beobachtungen am Menschen legen nahe, dass die Synchronisierung von Hirnrindenneuronen eine Rolle bei der bewussten Wahrnehmung spielt. Freilich lassen sich per Elektro- und Magnetencephalografie nur die Aktivitäten sehr großer Zellverbände erfassen (zur Technik siehe den Beitrag S. 44). Die einzelnen Neuronennetze sind so stark miteinander verflochten, dass man sehr feine Elektroden in das Gehirn einführen müsste, um herauszufinden, welcher Verband genau bei dieser oder jener kognitiven Aufgabe aktiv ist. Es kommt daher darauf an, dass wir sowohl die Studien mit bildgebenden Verfahren beim

Menschen weiter verfolgen, als auch die Einzelzellmessungen an Neuronen beim Tier fortsetzen. Nur so werden wir vielleicht eines Tages Parallelen zwischen Bewusstseinszuständen und der Aktivität bestimmter Neuronenverbände ziehen können.

Das Bewusstsein vereint offenbar zwei Arten von Vorgängen: die Konstruktion mentaler Bilder, also interner Repräsentationen externer Objekte, sowie die Aktivierung dieser Repräsentationen auch in Abwesenheit des ursprünglichen Reizes. Dank dieser beiden Funktionen kann das Gehirn die internen Repräsentationen den reinen Sinneseindrücken entgegenstellen und auf der Grundlage dieses Vergleichs Entscheidungen fällen. Reale Situationen werden so mit geistigen Bildern verglichen, die anlässlich von früheren, mehr oder weniger ähnlichen Erfahrungen entstanden sind. Bestimmte evolutionsgeschichtlich junge Regionen des Gehirns dürften dabei die Aufgabe übernommen haben, Metarepräsentationen zu erstellen, also Repräsentationen von Repräsentationen, was zunehmend abstraktere Codierung ermöglicht.

Diese Areale haben offenbar in der sich entwickelnden Primatenlinie wesentlich zur Vergrößerung der Cortexoberfläche beigetragen. Trotz weiter Entfernung von den primären Wahrnehmungsarealen spielen sie wohl die Rolle eines Spiegels, der in den sensorischen Feldern bewahrte frühere Bilder zurückspiegelt. Vielleicht entsteht unser Bewusstsein genau hier: in einem Spiel von Spiegeln. ◁

Wolf Singer leitet die Neurophysiologische Abteilung am Max-Planck-Institut für Hirnforschung in Frankfurt am Main.

Synchrony, oscillations, and relational codes. Von W. Singer in: The visual neurosciences. Von L. M. Chalupa and J. S. Werner (Hg.): Bd. 2., MIT Press Cambridge, S. 1665, 2003

Dynamic predictions: oscillations and synchrony in top-down processing. Von A. K. Engel, P. Fries und W. Singer in: Nature Reviews Neuroscience, Bd. 2, S. 704, 2001

Oscillatory synchrony between human extrastriate areas during visual short-term memory maintenance. Von C. Tallon-Baudry et al. in: Journal of Neuroscience, Bd. 21, RC 177, Oktober 2001

Phenomenal awareness and consciousness from a neurobiological perspective. Von W. Singer in: Neural correlates of consciousness. Von T. Metzinger (Hg.), MIT Press, Cambridge (MA), 2000, S. 121

AUTOR UND LITERATURHINWEISE

Bewusstsein bei Tieren

Menschenaffen zeigen Verhaltensweisen, die man als intelligent bezeichnen kann. Sind sie sich daher auch ihrer Umwelt, ihres Selbst oder der Innenwelt anderer Individuen bewusst?

Von Pierre Buser

Lange galt die Frage nach einem tierischen Bewusstsein als eher verpönt, da angeblich unlösbar. Mentale Prozesse, so die Behauptung, seien unserer Erkenntnis prinzipiell unzugänglich, und daher könne man das Thema schlicht ignorieren. Eine solch kategorische Haltung verdanken wir nicht zuletzt dem US-amerikanischen Psychologen John B. Watson (1878–1958). Dieser hatte die philosophischen Spekulationen seiner Kollegen satt und wurde 1913 mit seinem Werk »Psychologie, wie sie der Behaviorist sieht« Mitbegründer des Behaviorismus: Nur noch beobachtbares Verhalten solle in der psychologischen Forschung berücksichtigt werden, um so jeglicher Subjektivität einen Riegel vorzuschieben.

Watsons Ideen machten Schule, und so gehörte es lange zum guten Ton, Bewusstsein beim Menschen auszuklammern, als ein Epiphänom, unerklärbar

und eher störend. Erst recht galt dies für Forschungen an Tieren. Die Wende kam jedoch, als Neurobiologen daran gehen konnten, mittels Elektroden die Hirntätigkeit auch am wachen, nicht nur am narkotisierten Tier zu untersuchen. Zunächst wagte vorsichtshalber kein Wissenschaftler von Bewusstsein zu sprechen; manche klammerten das Gebiet bei ihrer Arbeit weiter von vornherein aus. Dennoch: Erst langsam, dann immer schneller lebte das Interesse daran wieder auf – in so verschiedenen Disziplinen wie den funktionellen Neurowissenschaften oder der Philosophie des Geistes. Zunehmend ging es dabei um die Existenz bewusster Prozesse bei Tieren: Wer als Experimentator von der Realität des Bewusstseins beim Menschen überzeugt war, für den lag der Gedanke nahe, Indizien dafür auch bei unseren Vettern zu suchen.

Inzwischen gibt es eine Vielzahl einschlägiger Studien an wachen, in der Bewegung freien Tieren. Diese tragen meh-

rere Elektroden – was durch die heute angewendeten Verfahren für sie völlig schmerzfrei ist – und müssen im Rahmen von Tests beispielsweise Sinnesreize unterscheiden, Bewegungsabläufe trainieren oder Faktenwissen lernen. Hierbei werden die Tiere oft zahm und zutraulich, arbeiten sogar mit einem erstaunlichen Ausdruck von Vergnügen ganz aufmerksam mit.

Wer aber das Bewusstsein nicht mehr auf den Menschen beschränkte, stand sofort vor weiteren Fragen: Von welcher phylogenetischen Stufe an – also von welchem stammesgeschichtlichen Entwicklungsniveau an – konnte man den Analogieschluss riskieren? Wie sollte man eine Brücke zwischen den unterschiedlichen Richtungen der Verhaltensforschung schlagen, und wie konnte man die so umstrittene mentale Funktion integrieren? Die Probleme werden nicht kleiner, wenn man berücksichtigt, dass es verschiedene Stufen bewusster Wahrnehmung im weitesten Sinne gibt.

▶ Schimpansen erkennen sich selbst. Man malt ihnen einen roten Punkt ins Gesicht und setzt sie vor einen Spiegel. Tiere ohne ein Ich-Bewusstsein würden nun den Punkt an ihrem Gegenüber im Spiegel untersuchen, als hätten sie ein anderes Individuum vor sich. Schimpansen dagegen wissen, dass der Spiegel ihr eigenes Bild zurückwirft und dass der Fleck nicht normal ist. Die Folge: Sie versuchen die Farbe zu entfernen, indem sie sich die Stirn reiben. Dieses Experiment gilt als Beweis für das Ich-Bewusstsein.

Für unsere Zwecke gehen wir davon aus, dass die grundlegende Natur der »bewussten Erfahrung« in einer vom Individuum erlebten integrativen Operation besteht, also Teil bestimmter mentaler Prozesse ist. Letztere können dabei viel umfangreicher und komplexer sein, als es die eigentliche Operation erfordert. Vor dem Hintergrund dieser Definition spricht man zunächst von einer »primären Klasse des bewussten Erlebens«.

Auf Blindflug einlassen

Dieses primäre Bewusstsein kann als das bewusste Erfassen – fachlich die »Apperzeption« – bestimmter Ereignisse im Gehirn angesehen werden. Die Empfindung beruht dabei auf den Vorgängen in den Neuronennetzen des Gehirns und stellt nicht notwendigerweise eine direkte Reaktion auf Außenreize dar. Demnach muss ein Forscher zunächst nach allen neuronalen Ereignissen Ausschau halten, die nur dann vorkommen, wenn das untersuchte Individuum wach und wahrscheinlich bewusst ist. Aus den mit verschiedenen Messverfahren registrierten Erscheinungen – etwa in Form von elektrischen oder neurochemischen Signalen oder von Bildgebungsdaten zur Hirnaktivität – heißt es dann diejenigen

herauszufiltern, die mit einem bestimmten Bewusstseinszustand in Zusammenhang stehen.

In gewisser Weise muss man sich hier auf einen Blindflug einlassen und zunächst einfach davon ausgehen, dass ab einem bestimmten stammesgeschichtlichen, also phylogenetischen Niveau jene Klasse mentaler Vorgänge existiert, die dem primären bewussten Erleben entsprechen. Wahrscheinlich gilt dies über den Daumen gepeilt zumindest für eine Reihe von Säugern. Der kanadische Psychologe Donald Hebb hat Mitte des letzten Jahrhunderts mehrere Kriterien aufgestellt, an denen man beim Tier bewusstes Verhalten erkennen sollte:

▷ einen steigenden Grad der Unabhängigkeit von Außenreizen und der Umwelt; dadurch entsteht ein eigengesteuertes Verhalten, das sich immer schwerer vorhersehen lässt und zunehmend Vorgänge beinhaltet, bei denen das Tier Informationen »in eine Warteschleife nimmt«, sie also zunächst speichert und sich ihrer später bedient
▷ das Interesse an immer mehr Objekten
▷ die Existenz vorsätzlicher Handlungen, die nicht nur an intelligentes Verhalten wie das Herstellen von Werkzeugen gemahnen, sondern auch die Fähigkeit zur Antizipation implizieren.

▲ Pambanisha, eine halbwüchsige Bonobo-Äffin, übt mit ihrer »Lehrerin« Symbole, die als Lexigramme bezeichnet werden. Wer das Bewusstsein bei Tieren untersucht, darf es freilich nicht mit Intelligenz verwechseln.

Die ersten zwei Merkmale betreffen zweifellos das primäre Bewusstsein, während Letzteres sich sehr wohl bereits auf das zweite, höhere Niveau beziehen könnte: das »Bewusstsein, bewusst zu sein« oder auch reflexive Bewusstsein, das dem Menschen und vielleicht bestimmten Primaten vorbehalten ist.

Unter reflexivem Bewusstsein versteht man die Fähigkeit, die eigenen Empfindungen, Gedanken, Überlegungen, Gefühle, Wünsche, Begierden und Überzeugungen zur Kenntnis zu nehmen, und beim Menschen gehört außerdem die Fähigkeit zu sprachlichem Ausdruck dazu. Durch eine solche innere Wahrnehmung zweiten Grades können wir den eigenen Zustand beurteilen und Überlegungen zu Ketten aneinander reihen. Bei Kindern ist diese Fähigkeit vermutlich noch wenig ausgeprägt; sie entwickelt sich erst in Etappen, die der Schweizer Psychologe Jean Piaget ▷

▷ in der ersten Hälfte des letzten Jahrhunderts in zahlreichen Studien herausgearbeitet hat.

Alles in allem: Das primäre Bewusstsein spiegelt offensichtlich das bewusste Erfassen von Fakten wider, mit denen das Individuum konfrontiert wird und die ihm entsprechende Reaktionen abverlangen. Diese Funktion dürfte auch bei Tieren vorkommen, und zwar von einer bestimmten phylogenetischen Stufe an, die wir in Zukunft zweifellos genauer bestimmen können. Nebenbei: Warum eigentlich sollte sich das primäre Bewusstsein während der Entstehung der Arten nicht kontinuierlich entwickelt haben?

Das reflexive Bewusstsein dagegen entspricht wohl denjenigen Vorgängen im Gehirn, die eine Besinnung auf das eigene Ich erlauben und dabei dem Erleben an sich eine Betrachtung desselben gegenüberstellen. Zu bedenken ist hier aber zweierlei:

▶ Auch wenn diese höchste, sekundäre Form des Bewusstseins gerade die Geistestätigkeit des Menschen ausmacht, funktionieren wir dennoch wahrscheinlich manchmal nur im primären Modus.

▽ Nach der Denkpause führt dieser Orang-Utan in einem Zuge alle Manipulationen aus: in einer noch nie dagewesenen Reihenfolge jede Kiste mit jeweils dem Werkzeug aus der vorherigen Box zu öffnen.

Wenn man so will, fallen wir dabei auf tierisches Niveau zurück.

▶ Umgekehrt müssen wir bei unseren nächsten Nachbarn in der Evolution – den nichtmenschlichen Primaten – genauer hinsehen: Vor dem Hintergrund, dass das Bewusstsein parallel mit den Arten entstanden sein könnte, fördern wir möglicherweise auch dort Ansätze eines reflexiven Bewusstseins zu Tage.

Anders gesagt: Vielleicht fällt die Zäsur zwischen Mensch und Tier, selbst dem höchst entwickelten, nicht mit dem Erwerb des zweiten Typs bewussten Denkens zusammen. Was das Mentale bei Menschen und den am höchsten entwickelten Tiere anbelangt – ließe sich also statt einer völligen Lücke ein Hauch von Kontinuität dazwischen finden?

Je ungenauer die Begriffe, desto heftiger die Dispute. Selbst wenn reflexives Bewusstsein gleichgesetzt wird mit mentaler Repräsentation und der Wahrnehmung des eigenen Ich sowie der Fähigkeit zur Abstraktion und Begriffsbildung, so bleibt immer noch die Frage: Verfügen Tiere tatsächlich über diese Gabe? Die Antwort fällt abwägend aus: Auch wenn es mehr als wahrscheinlich ist, dass Tiere mentale Repräsentationen haben – bildgebende Verfahren sind heute nahezu in der Lage, dies zu beweisen –, so bedeutet dies nicht gleichzeitig, dass sie sich dieser Funktion ihres Geistes bewusst wären. Anders ausgedrückt: Die mentalen Repräsentationen könnten zwar der Beweis für ein primäres Bewusstsein sein, aber nicht notwendiger-

weise der für ein komplexeres, reflexives Bewusstsein.

Wer über das Bewusstsein von Tieren spricht, ist versucht, diese Funktion einfach mit Intelligenz gleichzusetzen. Die intelligenten Leistungen der betreffenden Art werden bilanziert und dann einfach extrapoliert. Dies genügt jedoch nicht, denn im Tierreich gibt es zahlreiche Beispiele für derartige Verhaltensweisen, die wahrscheinlich angeboren oder erworben sind – erlernt vom Jungtier im Umgang mit der Mutter oder der Gruppe.

Ich weiß, dass du weißt …

Forscher fahnden bei ihrer Suche nach dem reflexiven Bewusstsein daher mit Hochdruck nach Verhaltensweisen, die auf sehr komplexen Denkmustern beruhen. Diesen sollten nicht bloß reine mentale Repräsentationen zu Grunde liegen, vielmehr müssen sie auch die Fähigkeit zu Antizipation, Transfer, Abstraktion und Verallgemeinerung durchblicken lassen – und vor allem die Gabe, die Absichten anderer zu erkennen. Letztere würde in den Sozialbeziehungen sichtbar, in Form der Manipulation von Informationen, von Täuschungsmanövern und Spielen der Art »Ich weiß, dass du weißt …« oder »Ich will dich glauben machen, dass …« und dergleichen Strategien, wie sie zu jenem etwas bunten Repertoire kognitiver Manöver gehören. Sicherlich besteht die Gefahr, dass wir diese Verhaltensweisen zu anthropozentrisch interpretieren. Dennoch sollten wir ein gewisses Risiko eingehen und einen Teil der Vorsicht über Bord werfen, die der Behaviorismus so lange gepredigt hat.

Wenn es um intelligentes tierisches Handeln geht, nennen Fachleute unvermeidlich sofort den Gebrauch von Werkzeugen, also von Gegenständen, die einem bestimmten Zweck dienen. Sie haben eifrig darüber diskutiert, wie ein Tier darauf kommt, ein Werkzeug zu benutzen: durch Versuch und Irrtum, durch Nachahmen von Artgenossen oder eben durch einen »Einfall«, eine mentale Repräsentation, durch die es sich das Werkzeug vorstellen kann. Zwar verrät ein solcher Werkzeuggebrauch vielleicht gewisse Intelligenz, aber was sagt dies über den Ursprung des intuitiven Handelns aus? Die Idee des spontanen Begreifens – also ohne Ausprobieren und ohne Imitation – ist nicht neu. Bereits 1925 hatte der deutsche Psychologe

JÜRGEN LETHMATE

Wolfgang Köhler beobachtet, dass Affen bei bestimmten Versuchen erst nach einer reaktionslosen Latenzphase agieren, aber dann gleich zur Lösung eines Problems gelangen. Diese plötzliche Einsicht nach einer »Denkpause« hat nur wenig mit dem klassischen Lernen durch Fehlschläge zu tun. Vielleicht beruht sie auf einem der »höheren« Vorgänge, die wir suchen und die uns zu den Wurzeln des reflexiven Bewusstseins bei Tieren führen sollen. Umso mehr gilt dies für Tiere, die an einem Ort nach einem Werkzeug suchen, um es an einem anderen einzusetzen. Für ein solches Verhalten sind mehrere abstrakte Denkoperationen nötig.

Eine weitere Seite der tierischen Intelligenz zeigt sich in der Kommunikation sowohl mit Artgenossen als auch mit Menschen. Bei dieser Fähigkeit zur Abstraktion und zur Handhabung von Informationen fällt die Bilanz der »höheren« Denkprozesse viel besser aus. Die Schimpansendame Sarah zum Beispiel, die von den beiden US-Psychologen David Premack und Guy Woodruff trainiert wurde, vermochte nicht nur die eigenen Probleme zu lösen, sondern auch die eines Menschen, den sie in einer schwierigen Situation beobachtete. Man zeigte ihr Filme von dreißig Sekunden Länge, in denen ein menschlicher Akteur mit verschiedenen Arten von Schwierigkeiten kämpfte. Er versucht beispielsweise eine Banane zu ergreifen, die sich außerhalb seiner Reichweite befindet, oder aus einem verschlossenen Käfig zu entkommen. Dann legte man dem Tier eine Reihe von Fotografien vor, von denen eine zeigte, wie sich das Problem lösen ließ – und Sarah wählte die richtige aus. Dieser Verständnistest zeigt, wie weit Schimpansen wahrscheinlich die mentale Repräsentation einer Situation nutzen können, um zu einer Lösung zu gelangen.

Ein drittes Indiz für die gesuchten komplexen Denkabläufe besteht in strategischem Verhalten bei der Interaktion zwischen Individuen. Hierzu muss ein Schimpanse nicht nur Werkzeugkonstrukteur sein, sondern auch Psychologe. Er muss mit seinem Handeln Absichten verfolgen und, viel wichtiger, anderen Individuen Absichten und mentale Zustände zuschreiben. Kurz: Er muss über eine »Theorie des Geistes« verfügen. Premack und Woodruff haben Schimpansen auf diese Fähigkeiten getestet. Wie sie feststellten, unterscheiden die Tiere

zwischen einem Akteur, »der weiß«, wo sich Nahrung befindet, und einer Person, die dies nicht wissen kann, weil sie beim Deponieren der Nahrung nicht dabei war. Den Schimpansen ist klar, dass der Zeuge eines Ereignisses über ein anderes Verständnis verfügt als jemand, der nichts gesehen hat. Indem die Tiere darauf abstellen, was der menschliche Protagonist weiß oder nicht weiß, zeigen sie, dass sie anderen einen bestimmten geistigen Zustand zuordnen können.

Reden in Lexigrammen

Wie steht es aber mit Sprache? Hier berühren wir ein sehr umstrittenes Thema, das in den Medien immer große Resonanz findet und gleichzeitig von Linguisten, Anthropologen und einer großen Zahl von Psychologen verunglimpft wird. Trotzdem sind Affen in der Lage, eine Sprache zu erlernen, und Forscher haben verschiedene Arten der Kommunikation belegen können:

▷ verbal von Mensch zu Tier
▷ per Zeichen und Symbol zwischen Mensch und Tier
▷ sowie zwischen Affen in Abwesenheit des Menschen, aber nach Instruktion durch diesen
▷ Verständigung zwischen den Tieren in ihrer natürlichen Umgebung.

Beschränken möchte ich mich auf Experimente zur Kommunikation zwischen Mensch und Tier, wie sie mit Schimpansen (*Pan troglodytes*) und in jüngerer Zeit mit Bonobos (*Pan paniscus*) angestellt wurden, und hier auf die mehr oder weniger anspruchsvollen Aufgaben zum sprachlichen Denken, die für unser Thema relevant sind. Wohlverstanden: Durch den Bau seines Kehlkopfs wird ein Schimpanse nie richtig spre-

chen können. Er ist jedoch in der Lage, sich mit dem Menschen durch erlernte Zeichen zu verständigen, etwa denen der amerikanischen Gebärdensprache. Durch intensives Training eignet er sich hier bestimmte Worte an, scheitert aber regelmäßig selbst an den einfachsten Regeln zum Satzbau.

Premack ist es auch gelungen, seine Äffin Sarah mit Symbolen aus Plastik vertraut zu machen, die für Objekte, Eigennamen, Eigenschaftsworte, Handlungen und Objektgattungen wie Früchte, Bonbons und Kuchen stehen. Andere erlauben es, Farben, Formen und Ausmaße zu klassifizieren, und wieder andere bedeuten identisch oder verschieden, ja oder nein, ist oder ist nicht, alle oder keiner, einer oder mehrere, oder wenn …, dann. Nach und nach lernte das Tier, in immer längeren Sequenzen mit dem menschlichen Versuchspartner zu kommunizieren und dabei zunehmend komplexe Fragen und Antworten zu verwenden. Dabei war in jedem Fall die Fähigkeit zur Abstraktion gefragt, denn keines der Symbole hatte mit dem bezeichneten Objekt in Form oder einem anderen Merkmal irgendeine Gemeinsamkeit.

Die US-Primatenforscherin Sue Savage-Rumbaugh hat ihrerseits ein System aus »Lexigrammen« entwickelt. Dabei handelt es sich um Symbole, von denen jedes ein Wort repräsentiert. Diese lassen sich entweder per Tastatur auf einem Bildschirm aufrufen, oder das Tier hat ein großes »Buch« mit den Zeichen zur Verfügung (siehe Abbildung S. 27).

Bei einem Versuch lernten die »Schüler«, Lexigramme mit Nahrungsmitteln zu verbinden, beispielsweise mit einem Apfel. Später zeigte man den Tieren das- ▷

Spektrum
DER WISSENSCHAFT

Chefredakteur: Dr. habil. Reinhard Breuer (v.i.S.d.P.)
Stellvertretende Chefredakteure:
Dr. Inge Hoefer (Sonderhefte), Dr. Gerhard Trageser
Redaktion: Dr. Klaus-Dieter Linsmeier, Dr. Christoph Pöppe (Online Coordinator), Dr. Uwe Reichert, Dr. Adelheid Stahnke; E-Mail: redaktion@spektrum.com
Ständiger Mitarbeiter: Dr. Michael Springer
Schlussredaktion: Christina Peiberg (kom. Ltg.), Sigrid Spies
Bildredaktion: Alice Krüßmann (Ltg.), Anke Lingg, Gabriela Rabe
Art Direction: Karsten Kramarczik
Layout: Sibylle Franz
Redaktionsassistenz: Eva Kahlmann, Ursula Wessels
Produktentwicklung:
Dr. Carsten Könneker, Tel. 06221 9126-770
Herstellung: Natalie Schäfer, Tel. 06221 9126-733
Marketing: Annette Baumbusch (Ltg.),
Tel. 06221 9126-741, E-Mail: marketing@spektrum.com
Einzelverkauf: Anke Walter (Ltg.), Tel. 06221 9126-744
Übersetzer: An diesem Heft wirkte mit:
Hermann Englert
Verlag und Redaktion:
Spektrum der Wissenschaft, Verlagsgesellschaft mbH,
Postfach 10 48 40, D-69038 Heidelberg;
Hausanschrift: Slevogtstraße 3–5, D-69126 Heidelberg.
Tel. 06221 9126-600, Fax 06221 9126-751
Redaktion: Tel. 06221 9126-711, Fax 06221 9126-729
Geschäftsleitung: Markus Bossle, Thomas Bleck
Leser- und Bestellservice: Tel. 06221 9126-743,
E-Mail: marketing@spektrum.com
Vertrieb und Abonnementverwaltung: Spektrum
der Wissenschaft, Boschstraße 12, D-69469 Weinheim,
Tel. 06201 6061-50, Fax 06201 6061-94
Bezugspreise: Einzelheft »Spezial«: € 8,90 / sFr 17,40 /
Österreich € 9,70 / Luxemburg € 10,–. Im Abonnement für
€ 29,60 für vier Hefte, für Studenten (gegen Studiennachweis) € 25,60. Bei Versand ins Ausland fallen € 2,– Porto-Mehrkosten an. Alle Preise verstehen sich inkl. Umsatzsteuer. Zahlung sofort nach Rechnungserhalt.
Konten: Deutsche Bank, Weinheim, 58 36 43 202
(BLZ 670 700 10);
Postbank Karlsruhe 13 34 72 759 (BLZ 660 100 75)
Anzeigen: GWP media-marketing, Verlagsgruppe Handelsblatt GmbH; Bereichsleitung Anzeigen: Harald Wahls;
Anzeigenleitung: Sibylle Roth, Tel. 0211 88723-79,
Fax 0211 88723-99; verantwortlich für
Anzeigen: Gerlinde Volk, Postfach 10 26 63,
D-40017 Düsseldorf, Tel. 0211 88723-76,
Fax 0211 374955
Druckunterlagen an: GWP-Anzeigen, Vermerk: Spektrum
der Wissenschaft, Kasernenstraße 67, D-40213 Düsseldorf,
Tel. 0211 88723-87, Fax 0211 374955
Anzeigenpreise: Gültig ist die Preisliste Nr. 25 vom
01.01.2004.
Gesamtherstellung:
Konradin Druck GmbH, Leinfelden-Echterdingen

Sämtliche Nutzungsrechte an dem vorliegenden
Werk liegen bei der Spektrum der Wissenschaft
Verlagsgesellschaft mbH. Jegliche Nutzung des Werks,
insbesondere die Vervielfältigung, Verbreitung, öffentliche
Wiedergabe oder öffentliche Zugänglichmachung, ist
ohne die vorherige schriftliche Einwilligung der Spektrum
der Wissenschaft Verlagsgesellschaft mbH unzulässig.
Jegliche unautorisierte Nutzung des Werks berechtigt die
Spektrum der Wissenschaft Verlagsgesellschaft mbH zum
Schadensersatz gegen den oder die jeweiligen Nutzer.
Bei jeder autorisierten (oder gesetzlich gestatteten)
Nutzung des Werks ist die folgende Quellenangabe an
branchenüblicher Stelle vorzunehmen: © 2004 (Autor),
Spektrum der Wissenschaft Verlagsgesellschaft mbH,
Heidelberg. Jegliche Nutzung ohne die Quellenangabe in
der vorstehenden Form berechtigt die Spektrum der Wissenschaft Verlagsgesellschaft mbH zum Schadensersatz
gegen den oder die jeweiligen Nutzer. Für unaufgefordert
eingesandte Manuskripte und Bücher übernimmt die
Redaktion keine Haftung; sie behält sich vor, Leserbriefe
zu kürzen.

ISSN 0943-7096 / ISBN 3-936278-62-8

SCIENTIFIC AMERICAN
415 Madison Avenue, New York, NY 10017-1111
Editor in Chief: John Rennie, Publisher: Bruce Brandfon,
Associate Publishers: William Sherman (Production),
Lorraine Leib Terlecki (Circulation), Chairman: Rolf Grisebach, President and Chief Executive Officer: Gretchen
G. Teichgraeber, Vice President: Frances Newburg, Vice
President and International Manager: Dean Sanderson

Bildnachweise:
Wir haben uns bemüht, sämtliche Rechteinhaber von
Abbildungen zu ermitteln. Sollte dem Verlag gegenüber
dennoch der Nachweis der Rechtsinhaberschaft geführt
werden, wird das branchenübliche Honorar nachträglich
gezahlt.

▷ selbe Objekt, und sie mussten die Frage »Was ist das?« beantworten, ohne dass sie es essen durften. Hier spielen demnach zwei unterschiedliche Funktionen mit: die semantische, also die des Sinns, und die pragmatische, also die der Handlung des Essens. Später waren die so ausgebildeten Tiere dann in der Lage, Transfers zu leisten: Sie setzten Symbole als stellvertretende Etiketten ein, um neue Objekte in eine von zwei Kategorien einzuordnen. Zwei Schimpansen haben mit Hilfe der Symbole sogar spontan untereinander kommuniziert: Sie verlangten voneinander auf diesem Weg bestimmte Nahrungsmittel. Dies war das erste Beispiel einer über Symbole ablaufenden Kommunikation zwischen nichtmenschlichen Primaten.

Spieglein, Spieglein an der Wand

Den letzten Befund bei unserer Suche nach dem tierischen Bewusstsein verdanken wir der Art und Weise, in der sich Affen vor einem Spiegel verhalten. Die meisten Tieraffen – etwa Rhesusaffen und Paviane – benehmen sich, als ob sie einen Feind vor sich hätten. Menschenaffen wie Schimpansen oder Orang-Utans dagegen benutzen den Spiegel schon nach kurzer Zeit, um ihren Körper zu betrachten und Grimassen zu schneiden. Besonders gut zeigt sich die geistige Leistung der Tiere beim so genannten »Fleckversuch«. Hier tupft man über die Brauen eines beispielsweise betäubten und bereits an sein eigenes Bild gewöhnten Tieres etwas geruchlose und reizarme Farbe. Nach dem Erwachen beginnt es, den Farbtupfer im Spiegel gründlich zu inspizieren, und zwar auf seiner eigenen Stirn. Dies bestätigt, dass sich das Tier selbst erkennt und nicht für einen Artgenossen hält. Beim Kind ist die so genannte Spiegelreaktion erst ab dem zweiten Lebensjahr zu beobachten. Zuvor zeigt es genau wie viele Tierarten Ratlosigkeit oder sogar eine Vermeidungsreaktion. Wahrscheinlich markiert das Erkennen des eigenen Spiegelbildes einen Schritt in der stammesgeschichtlichen Entwicklung zu einem reflexiven Bewusstsein, inklusive der Befähigung, Objekt der eigenen Aufmerksamkeit zu werden und auf Partien des Köpers zu achten, die man normalerweise nicht betrachten kann.

Daraus muss man schließen, dass es bei Tieren wahrscheinlich mentale Vorgänge gibt, die von komplexen Assoziationsprozessen bis hin zur semantischen und symbolischen Repräsentation reichen. So begrenzt diese Fähigkeiten der Abstraktion, der Symbolbildung, der Verallgemeinerung und des Transfers auch sein mögen: Sie bestärken die Vermutung, dass sich die kognitiven Prozesse im Laufe der Evolution kontinuierlich entwickelt haben. Die Menschenaffen dürften hier eine bemerkenswerte Etappe auf dem Weg zum reflexiven Bewusstsein verkörpern.

Dennoch ist Kritik wohlfeil – schließlich können wir die Primaten nur beobachten. Die Ergebnisse der Verhaltensversuche fallen bis heute allzu bescheiden und beschränkt aus, und die im Experiment erlernten semantischen Systeme stehen zweifellos in keinem Verhältnis zur natürlichen und möglicherweise viel differenzierteren innerartlichen Kommunikation in Form von Gesten oder Mimik. Letztere ist noch wenig erforscht; zudem riskieren wir mit jedem Versuch der Bestandsaufnahme eine Beeinflussung.

Es bleiben also noch viele Fragezeichen: Welche Systeme vermitteln die Intentionalität? Ist sich ein tierischer Sender des Inhalts seiner Botschaft bewusst? Kennt er die Wirkung, die sie auf den Empfänger haben wird? Wir wissen noch keine definitive Antwort, aber genau hier verbirgt sich, was uns beschäftigt: Wie kann man den Übergang zu bewusstem Handeln nachweisen, das mit Symbolen umgehen kann und gegebenenfalls mit abstrakten Begriffen? Mit neuen Methoden und viel Geduld werden wir bei unseren faszinierenden tierischen Verwandten vielleicht Hinweise auf ein reflexives Bewusstsein entdecken, an die wir heute noch gar nicht denken. ◁

Pierre Buser ist Honorarprofessor für Neurowissenschaften an der Universität Pierre et Marie Curie in Paris und gehört dem Institut für Neurowissenschaften der Universität an.

Bewusstsein bei Tieren. Von James L. Gould und Carol Grant Gould. Spektrum Akademischer Verlag, Heidelberg 1997

Ape languages: From conditioned response to symbol. Von S. Savage-Rumbaugh. Columbia University Press, New York, 1986

Does the chimpanzee have a theory of mind? Von D. Premack und F. Woodruff in: Behavioral and brain sciences, Bd. 1, S. 515 und 615, 1978

AUTOR UND LITERATURHINWEISE

BEWUSSTSEIN

Wie das kindliche Bewusstsein erwacht

Statt einfach auf neue Kompetenzen Wert zu legen,
sollte die Schule mehr als bisher vermitteln, wie man
Denkautomatismen unterdrückt.

Von Olivier Houdé

Zu den natürlichen Eigenschaften des Menschen – und einiger Tiere –, die unter anderem Kognitionspsychologen viel Kopfzerbrechen bereiten, gehört das Bewusstsein. Ein Weg, diesem Phänomen näher zu kommen, führt über die Erforschung seiner Ontogenese: der Entwicklung des Bewusstseins vom ersten Auftreten beim Kleinkind bis ins Erwachsenenalter.

Klassische Arbeiten hierzu haben das Erscheinen des Ich- oder Selbstbewusstseins beim kleinen Kind untersucht. In den 1960er Jahren entwickelte der US-Psychologe Gordon Gallup den so genannten Flecktest. Dabei schmiert man dem Kind, ohne dass es das merkt, etwa einen roten Punkt auf die Stirn, setzt es dann vor einen Spiegel und beobachtet seine Reaktion.

Kinder, die jünger als eineinhalb Jahre sind, versuchen, den Farbtupfer an dem Gesicht im Spiegel wegzuwischen. Doch wenn sie über eineinhalb Jahre alt sind, reiben sie sich an der eigenen Stirn, dort, wo der rote Fleck sitzt. Offensichtlich begreifen sie nun, dass sie im Spiegel sich selbst sehen. Diese Reaktion gilt als Anzeichen für ein Ich-Bewusstsein. Unter den Tieren zeigen das gleiche Verhalten nur die Großen Menschenaffen: Schimpansen, Gorillas und Orang-Utans. Der Test liefert somit auch einen Einblick, wann Selbstbewusstsein in der Evolution auftrat.

Manche Forscher, darunter vor allem der Genfer Psychologe Jean Piaget (1896–1980), befassten sich mit einer subtileren Form des Bewusstseins: dem Wissen um das eigene Handeln und die eigenen Denkvorgänge, zum Beispiel beim Zählen, Klassifizieren und Schlussfolgern. Piaget nannte diese Bewusstseinsform »reflektierende Abstraktion«. Damit meinte er den »inneren Spiegel«, der dem Kind das eigene Denken und Handeln im Geist vorführt, und auf einer höheren Ebene das schlussfolgernde Denken.

Aus den Augen, aus der Welt

Philosophen bezeichnen diesen Typ des Bewusstseins als introspektiv oder reflexiv, im Gegensatz zum phänomenalen oder perzeptiven Bewusstsein, das die direkte Sinneswahrnehmungen begleitet. So ist man sich zum Beispiel bewusst, dass ein Ball rund ist und der Himmel blau. Nach Piaget denken Kinder zunächst nur im phänomenalen Modus. Das reflexive Bewusstsein entwickeln sie erst allmählich – indem sie nach und nach vom logischen

Schon ganz kleine Kinder sind sich der Anzahl von Objekten bewusst. Hierzu folgender Versuch: Man setzt sie vor ein Puppentheater, in dem ein Stoffelefant erscheint. Nun wird das erste Tier hinter einem Schirm verborgen und vor den Augen des Kindes ein weiterer Elefant hinter dem Sichtschutz platziert. Wenn man nun den Blick wieder freigibt und das Kind hat zwei Stofffiguren vor sich – ein so genanntes mögliches Ereignis –, zeigt es keinerlei Überraschung. Wird es dagegen plötzlich mit drei Plüschelefanten konfrontiert, weil die Forscher unbemerkt eine weitere Figur hinter den Schirm geschmuggelt haben, ist es über dieses »unmögliche Ereignis« überrascht.

und mathematischen Gehalt ihrer Handlungen und Denkoperationen Notiz nehmen. Der Hirnforscher Jean-Pierre Changeux vom Collège de France in Paris glaubt, Anzeichen dafür gefunden zu haben, dass das reflexive Bewusstsein im Gehirn des Erwachsenen und des Kindes in einem »bewussten neuronalen Arbeitsraum« agiert. Indem wir uns den Informationen in diesem Raum aktiv, mit einer bestimmten Aufmerksamkeit, zuwenden, können wir planen, Daten ordnen, schlussfolgern und Probleme lösen.

In der geistigen Entwicklung des Kindes betrifft der erste Schritt hin zu einem reflexiven Bewusstsein die Objekte seiner Umgebung – genauer gesagt, deren Beständigkeit, deren Permanenz. Für einen Erwachsenen ist es selbstverständlich, dass ein Objekt bewahrt bleibt, auch wenn wir unsere Aufmerksamkeit von ihm abwenden. Anders je-

doch beim Kleinkind, dem das entsprechende reflexive Bewusstsein noch fehlt: In seinem Denken gilt »aus den Augen – aus der Welt«, ganz gleich, ob es sich um einen Ball oder einen Menschen handelt.

Das Baby erreicht die erste Stufe reflexiven Denkens, wenn es erkennt, dass Objekte als Grundeinheit der Realität prinzipiell beständig sind. Es beginnt dann, die Welt in solche beständigen Elemente zu zerlegen und diese sowohl qualitativ wie quantitativ zu betrachten. Mit anderen Worten: Das Kind lernt Konzepte der Klassifizierung und der Anzahl – und damit die Grundlagen von Systematik und Mathematik.

Naschsucht macht Mathematiker

Später umfasst das Denken nicht mehr nur konkrete Objekte – wie in den ersten Lebensjahren –, sondern auch abstrakte Begriffe und Hypothesen. Damit erreicht der junge Mensch die höchste Stufe des reflexiven Bewusstseins: die Fähigkeit zu formallogischem Denken. Kurz gesagt verläuft die Entwicklung zum Bewusstsein des Erwachsenen über die folgenden beiden Stationen: den Begriff des Objekts und der Zahl sowie die Fähigkeit, Klassen zu bilden und Schlussfolgerungen zu ziehen. Sehen wir uns dies anhand von zwei Beispielen genauer an: dem Zahlenbegriff bei Säugling und Kind, sowie dem logischen Denken bei Jugendlichen und jungen Erwachsenen.

Um das Zahlenverständnis von Kindern zu testen, ließ sich Piaget ein Experiment einfallen, das weltweit Beachtung fand: seinen Plättchentest zur Zahlerhaltung. Man präsentiert Kindern zwei Reihen aus Chips, von denen jede die gleiche Anzahl an Steinen enthält. Die beiden Reihen sind jedoch unterschiedlich lang, weil die Chips im einen Fall größere Zwischenräume aufweisen. Die meisten Kindergartenkinder lassen sich noch täuschen und behaupten, dass die längere Reihe auch mehr Steine aufweist.

Ab einem Alter von sieben oder acht Jahren fällt die Antwort dann mathematisch korrekt aus. Die Interpretation des Schweizer Psychologen: Kinder zwischen zwei und sieben Jahren würden intuitiv der Annahme »Länge gleich Anzahl« folgen. Ihr Denken beruhe noch rein auf der Wahrnehmung der verschiedenen Länge der Reihen und damit auf dem phänomenalen Bewusstsein. Erst mit Ende des siebten oder achten Lebensjahrs, so Piagets Ansicht, würden Kinder eine höhere Stufe erreichen und sich mit Hilfe der »reflektierenden Abstraktion« des Konzepts der Anzahl bewusst werden.

Der französische Psychologe Jacques Mehler vom CNRS (Centre National de la Recherche Scientifique) in Paris hat dieses Altersschema Piagets jedoch widerlegt. Statt mit Chips machte er den gleichen Versuch mit Bonbons. Diesmal erkannten schon zwei- und dreijährige Kinder, wenn in der kürzeren Reihe mehr Bonbons lagen. Offensichtlich bewirkt die stärkere emotionale Ansprache, dass die Kinder viel früher als angenommen über ein reflexives Zahlenbewusstsein verfügen. Man könnte sagen, ihre Naschsucht macht Kinder zu Mathematikern und lässt sie in dem Fall das von Piaget unterstellte rein perzeptive Stadium einfach gewissermaßen überspringen.

In die gleiche Richtung weisen Experimente der US-Psychologin Karen Wynn von der Yale-Universität in New Haven (Connecticut). Demnach erscheint das reflexive Zahlenbewusstsein bei Kindern sogar schon vor dem Sprechen. Wie die Forscherin entdeckte, können Babys bereits mit vier bis fünf Monaten erkennen, wenn die Invarianz – also die Erhaltung – der Zahl verletzt wird.

Durch ihr Versuchsdesign kam Wynn ohne die Piaget'sche Längentäuschung aus: Sie ließ vor Kindern in einem Puppentheater Mickymaus-Stofffiguren auftreten. Eines der Plüschtiere kommt auf die Bühne und tanzt; dann verschwindet es hinter einem Vorhang. Anschließend beobachtet das Kind, wie eine weitere Maus hinter demselben Vorhang versteckt wird. Wenn die Forscher schließlich den Vorhang lüften, kann es sein, dass nun nicht zwei Puppen erscheinen, sondern eine abweichende Anzahl, beispielsweise drei Puppen. Merkt das Kind das? Hat es ein Vorstellungsvermögen von der richtigen Anzahl?

Zaubertricks

Als Anzeichen dafür macht man sich zu Nutze, dass kleine Kinder etwas Neues wie auch seltsame Dinge und Vorgänge länger betrachten als bekannte und erwartete Situationen. In diesem Fall blieb der Blick der Kleinen länger auf der Szene haften, wenn die Puppenzahl nicht stimmte – ein Zeichen dafür, dass Babys sehr wohl einen Begriff von Zahlen haben.

Mit einer ähnlichen Versuchsanordnung haben wir dieses Experiment mit zwei und drei Jahre alten Kindern wiederholt – nur dass wir statt der Mickymaus den Elefantenkönig Babar auftreten ließen (Bildfolge links). Und wir registrierten nicht, wie lange die Kinder hinschauten, sondern ließen sie die Szene kommentieren. Sie sollten sagen: »Das geht« oder »Das geht nicht«. Dabei bestätigte sich, dass Kinder dieses Alters eine Anzahl bewusst wahrnehmen können.

Nur: Als wir mit denselben Zwei- und Dreijährigen den Piaget-Versuch mit den aufgereihten Objekten machten, versagten sie – obwohl wir auch jetzt nur Anzahlen zwischen eins und drei testeten und dabei statt der Chips Elefanten nahmen. Auch noch fünf- und sechsjährige Kinder scheiterten an dieser Aufgabe. Zu unserem Erstaunen urteilten erst Sieben- bis Achtjährige in diesem scheinbar ein- ▷

$1 + 1 = 3$
unmögliches
Ereignis

▷ fachen Test korrekt. Wie lässt sich dieses Paradox erklären?

Möglicherweise liegt das an der Methode: Im einen Fall sahen die Kinder Zauberkunststücke. Sie erlebten überraschende Situationen. Dieses Vorgehen ist einfach, aber offensichtlich viel sensibler als Piagets Methode, um das reflexive Bewusstsein eines Kindes zu erkennen. Beobachten Sie ihre eigene Reaktion: Wenn Sie nach einer Zaubervorstellung begeistert applaudieren, dann deswegen, weil Ihnen bewusst ist, dass der Magier bestimmte Alltagsgesetze gebrochen hat. Obwohl es eigentlich unmöglich ist, holte

man, das beweisen die Experimente, Bewusstseinsreaktionen auf eigentlich unmögliche Ereignisse hin schon bei Kindern festhalten, die noch nicht einmal sprechen können. Wie schon 1896 der französische Psychologe Théodule Ribot (1839–1916) schrieb: »Die erste intellektuelle Regung ist die Überraschung – und dazu sind Kinder schon ganz früh fähig.« Ribot meinte das Gefühl des »Ich«, das unser Denken begleitet, also genau das reflexive Bewusstsein.

Ist dieses »erste intellektuelle Gefühl« des Säuglings beim Blick auf den überzähligen Elefanten bereits eine Form des reflexiven Bewusstseins, oder erwächst es nur aus dem einfachen phänomenalen Bewusstsein? Um es in

tet gar nicht das, was sein Schöpfer dachte. Durch die Plättchen und ihre Anordnung wird vielmehr massiv und in irreführender Weise die einfache perzeptive Strategie »Länge gleich Zahl« aktiviert – und bis zu dem entsprechenden Alter schaffen es Kinder unter vielen Umständen nicht, diesen Automatismus zu unterdrücken. Gewöhnlich funktioniert ein solches Denkmuster ja sehr gut: In der längeren Schlange stehen mehr Menschen, und wenn man mit Hilfe von Objekten rechnen lernt, wird eine Reihe aus diesen Gegenständen durch Addieren länger und durch Subtrahieren kürzer. Diese Erfahrung machen auch schon kleinere Kinder oft.

Der Plättchenversuch enthüllt also nicht das, was Piaget annahm. Er weist nicht auf, ob ein Kind über ein reflexives Zahlenbewusstsein verfügt, sondern er zeigt, ob es eine bewährte Erfahrung seines phänomenalen Bewusstseins unterdrücken kann, die Erkenntnis: »Länge gleich Anzahl«.

Die erste intellektuelle Regung ist die Überraschung – dazu sind Kinder schon früh fähig

er eine Taube aus dem Zylinder und ließ sie wieder darin verschwinden. Damit uns solche Tricks gefallen, muss unser Gehirn schon vorher das Prinzip der Objektpermanenz, das Gesetz der Anzahl und andere Regeln zutiefst verinnerlicht haben.

Eben wegen der verblüffenden Effekte eignet sich Zaubern hervorragend, um die Entstehung des reflexiven Bewusstseins beim Kind zu erforschen. Kombiniert man kleine Zauberkunststücke mit Video- und Computertechnik, kann

▽ Beim »Flecktest« malt man einem etwa 18-monatigen Kind einen Farbtupfer auf die Stirn. Wenn es sich nun im Spiegel sieht und versucht, den Fleck von der eigenen Stirn abzuwischen, gilt dies als Beleg dafür, dass es sich selbst erkennt und das so genannte Ich-Bewusstsein erreicht hat.

der Begrifflichkeit von Changeux auszudrücken: Man sollte tatsächlich meinen, dass der bewusste neuronale Arbeitsraum schon im Gehirn eines Babys existiert, und dass dort ein aufmerksames reflexives Bewusstsein am Werk ist, das eine Übertretung des Invarianzgesetzes entdeckt.

Einige Menschenaffen erkennen beim Test nach Karen Wynn gleichfalls, ob die gesehene Anzahl von Objekten mit der vorangegangenen Situation zusammenpasst. Beobachtungen wie diese erlauben einen Blick in die geistige Evolution – in die Phase, als der Zahlenbegriff auftauchte, die erste Stufe des reflexiven Bewusstseins und die Grundlage des mathematischen Denkens.

Alles in allem scheinen also schon Säuglinge über ein Zahlenbewusstsein zu verfügen. Doch warum scheitern Kinder dann noch im Alter von sechs Jahren am Plättchentest von Piaget? Wir glauben den Grund zu kennen: Der Versuch tes-

Um den Konflikt zwischen den beiden Denkstrategien aufzuweisen, entwickelten wir eine abgewandelte Computerversion des Plättchenversuchs. Als Probanden wählten wir absichtlich Achtjährige, da sie dem »Länge gleich Anzahl«-Automatismus wahrscheinlich nicht mehr in die Falle gehen würden. Im ersten Durchgang – er sei Vorversuch genannt – sahen die Kinder auf dem Bildschirm jeweils zwei verschieden lange Plättchenreihen, wobei die Anzahl der Elemente nicht der Länge der Reihen entsprach. Die Kinder sollten dann per Tastendruck so schnell wie möglich angeben, ob die Reihen dieselbe Anzahl von Elementen enthielten oder nicht. Wie erwartet, bewerteten sie die Verhältnisse richtig.

Gleich darauf folgte ein zweites Experiment. Diesmal zeigten wir den Kindern zwei Reihen, bei denen die Zahl der Objekte direkt mit der Länge der Reihe korrespondierte. Längere Reihen enthielten also tatsächlich mehr Steine.

Und siehe da: Die Kinder, die den Vorversuch mitgemacht hatten, benötigten für die Antwort länger als eine Vergleichsgruppe, die direkt bei der zweiten Version des Tests eingestiegen war. Die Teilnehmer des Vorversuchs mussten offensichtlich erst die Strategie »Länge gleich Anzahl« freigeben, die sie während des gesamten ersten Durchgangs unterdrückt hatten. Man spricht von »negativem Priming«, also einer Vorbereitung der Aufgabe durch einen vorausgehenden Reiz, der in diesem Fall verzögernde – negative – Wirkung hat.

Dieses Experiment erhellt nicht nur den Widerspruch zwischen den Ergebnissen von Piaget und Karen Wynn – es verändert auch grundlegend unsere Auffassung von der intellektuellen Entwicklung des Individuums. Offenbar geht es nicht nur darum, zu aktivieren, in Beziehung zu setzen und zu abstrahieren, wie Piaget dachte. Vielmehr müssen wir auch lernen, vorhandene Reaktionsmuster zu unterdrücken, das heißt zu hemmen. So muss sich ein Kind durch Reflexion bewusst werden, dass es zwischen verschiedenen Strategien wählen kann, und dass es bisweilen einige davon besser ignoriert, da sie in die Irre führen würden. Denn, wie der Neurophysiologe Alain Berthoz vom Collège de France schrieb: »Das Gehirn ist ein feuriges Pferd, das der Reiter lenkt, indem er es zügelt.«

Werfen wir nun einen Blick auf Teenager und auf die Entwicklung des logischen Denkens. Piaget war der Ansicht, dass wir die höchste Stufe des reflexiven Bewusstseins erst im Alter von etwa vierzehn oder fünfzehn Jahren erreichen. Es handelt sich dabei um das formallogische oder auch hypothetisch-deduktive Denken, das sich vor allem in der Form »wenn …, dann …« äußert, also in einer Bedingung und einer Folgerung. Die Leistung des reflexiven Bewusstseins steigt infolgedessen beträchtlich. Ein Jugendlicher kann sich beinahe ohne Einschränkungen Objekte oder Begriffe vorstellen und diese geistig bearbeiten. Jugendliche und Erwachsene sind nach Piagets Theorie logische Wesen. Dies ist im Grunde richtig – aber in einem Punkt täuschte sich der große Entwicklungspsychologe.

Das phänomenale – oder perzeptive – Bewusstsein ist nämlich keineswegs ein Übergangsstadium, das man beim Älterwerden hinter sich lässt. Jonathan Evans von der Universität Plymouth (England) und andere Psychologen haben aufgezeigt, dass Jugendliche und Erwachsene beim Schlussfolgern systematisch bestimmte Fehler machen. Man spricht von einer Verzerrung des logischen Denkens. Zusammen mit Nathalie Tzourio-Mazoyer und Bernard Mazoyer von der Universität Caen und der Universität Paris V haben wir diesen Sachverhalt genauer untersucht.

Mit Hilfe von modernen Bildgebungsverfahren beobachteten wir die Gehirnaktivität zunächst bei solchen Logikfehlern und später dann, wenn die

▲ Die Entwicklung des reflexiven Bewusstseins verläuft nicht linear. Das Zahlenbewusstsein zum Beispiel erscheint bereits mit vier Monaten. Dennoch täuscht sich ein Kind unter sieben Jahren beim Piaget-Test und glaubt, eine längere Reihe enthält mehr Bausteine (Mitte). Selbst ein Erwachsener begeht bei bestimmten Aufgaben trotz reflexiven Bewusstseins noch Irrtümer, da die unmittelbare Wahrnehmung das logische Denken »verzerrt« (rechts).

Testperson den Fehler begriffen hatte und im weiteren Versuchsverlauf nun das phänomenale Bewusstsein unterdrückte und die korrekte Antwort gab. Ganz klar waren jetzt andere Neuronennetze aktiv. Zuerst arbeiteten Regionen im Hinterkopf, die für die Wahrnehmung zuständig sind. Danach meldeten

Das Gehirn ist ein feuriges Pferd, das der Reiter lenkt, indem er es zügelt

sich Gebiete des Vorderhirns: und zwar für logisches Denken, Abstraktion und Urteilsvermögen unabdingbare Areale im so genannten präfrontalen Cortex. Wir werden also in der Jugend mitnichten irgendwann zu rein logischen, ausschließlich präfrontal gesteuerten Wesen, wie Piaget postulierte.

Piaget hielt die Logik, als Ausdruck des reflexiven Bewusstseins, für die effizienteste Form des Denkens und für die beste Weise der Umweltanpassung. Doch wie unsere Versuche zeigen, kann sich ▷

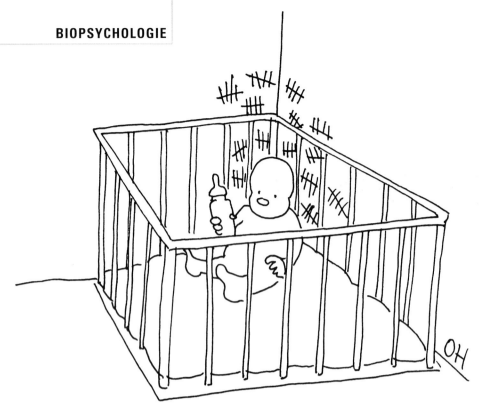

ersten Lösungsimpuls zurückzudrängen. Der US-Psychologe John Flavell von der Universität Stanford (Kalifornien) nennt dies »metakognitive Erfahrungen«. Damit meint er bewusste, kognitiv-emotionale Erfahrungen, die den Lösungsweg für ein Problem weisen. Sich seiner Irrtümer bewusst zu werden, verlangt, sich seiner selbst bewusst zu werden.

An dieser Stelle schließt sich der Kreis zum Ich- oder Selbstbewusstsein. Von dort verläuft die Entwicklung, wie gezeigt wurde, unter anderem über das Wissen um die Objektpermanenz, die Fähigkeit zu zählen und zu klassifizieren bis hin zum logischen Denken. Piagets Verdienst ist, dass er die Aufmerksamkeit auf die Entwicklung dieser Phänomene beim Kind gelenkt hat. Der Psychologe dachte jedoch noch, Kinder würden zunächst ausschließlich über ein perzeptives Bewusstsein verfügen und erst nach und nach das reflexive Bewusstsein erlangen.

Heute wissen wir, dass dieser Prozess wesentlich weniger streng gerichtet abläuft. Einerseits tritt ein elementares reflexives Denken bereits bei Babys und kleinen Kindern auf. Schon sie reagieren bei mancher Zauberei überrascht. Andererseits kann das phänomenale Bewusstsein noch beim Erwachsenen bisweilen das reflexive Bewusstsein durch Kurzschließen ausklammern, etwa weil es mit einem Zusammenhang einschlägige Erfahrungen gemacht hat. Dann können aber auch Fehlleistungen auftreten. Piaget sah nicht, dass die kognitive Seite die trügerischen Denkschemata aktiv zu unterdrücken vermag. Eben diese Kompetenz sollte die Schule mehr fördern, denn das ist der Schlüssel zur Gehirnplastizität und letztlich zu Anpassungsprozessen im Gehirn. ◁

▷ das perzeptive oder phänomenale Bewusstsein mit seiner Hinterkopfaktivität selbst bei Erwachsenen jederzeit in den Vordergrund drängen. Damit wir nicht Irrtümern unterliegen, muss das phänomenale Bewusstsein zurückgedrängt werden. Diese Hemmung ist für den Zugang zum reflexiven Bewusstsein das Entscheidende. Die Unterdrückung des perzeptiven Bewusstseins ist gewissermaßen der Schlüssel, damit das Stirnhirn übernehmen kann.

In seinem Buch »The Physiology of Truth« spricht Changeux von einer Bewusstseinsmelodie des Gehirns. Er schreibt, die vorgestellten Versuchsergebnisse würden zeigen, dass im Gehirn eine solche Melodie spielt, die verschiedene Hirngebiete intonieren. Und er betont, keine Theorie des Bewusstseins komme mehr aus, ohne zu erklären, wie diese Harmonie zu Stande kommt: wie also der Fluss der mentalen Inhalte orchestriert ist, damit sie Zugang zur rationalen Bewertung – zur Logik – finden.

Bei diesen Versuchen beobachteten wir auch Aktivität im rechten präfrontalen Cortex in einer tief gelegenen Region nahe der Mittellinie des Gehirns. Nach Ansicht des US-amerikanischen Neurologen Antonio Damasio von der Universität von Iowa in Iowa City vermittelt diese Hirnregion zwischen Verstand und Gefühl. Das reflexive Bewusstsein hält Damasio für eine eigene Gefühlsqualität, die über kognitive Vorgänge an das Empfinden vom eigenen Ich gebunden

ist. Das ist die »intellektuelle Regung, von der Ribot spricht.

An dieser Stelle sei eine interessante Beobachtung bei unserer Studie erwähnt: Erst wenn die Teilnehmer die perzeptive Verzerrung in den Versuchen ausschalteten, wurden sie sich der Logikfehler überhaupt bewusst. Offenbar konnten sie ihre Fehler erst erkennen, wenn, wie die Gehirnaufnahmen zeigen, das Gebiet aktiviert war, das ein Ich-Empfinden zu vermitteln scheint.

Die eigenen Denkmuster kennen

Für die Konzepte der Entwicklungspsychologie und für die praktische Pädagogik ist es von größter Bedeutung, dass die eigenen Irrtümer im reflexiven Bewusstsein aufscheinen. Natürlich glaubten die Kindergartenkinder beim Plättchentest von Piaget, dass ihre Antworten stimmten – obwohl sie in anderem Zusammenhang, bei Bonbons zum Beispiel, Zahlenverhältnisse sicherlich durchaus korrekt erfassten, wie wir heute wissen. Leider ist Schulunterricht vor allem darauf ausgerichtet zu aktivieren. Es gibt wenig ausdrückliche Lernziele, die systematisch das Unterdrücken von Automatismen vermitteln.

Kinder sollten öfter gezielt in Situationen gebracht werden, in denen sie sich der eigenen Denkmuster bewusst werden. Wichtig für ihre geistige Entwicklung ist zu erleben, dass sie mit bestimmten Strategien scheitern können und dass es manchmal sinnvoll ist, den

Olivier Houdé ist Professor für Kognitionspsychologie an der Sorbonne, der Universität Paris V. Er ist für das Team Kognitive Entwicklung und Funktion in der Arbeitsgruppe für neurofunktionelle Bildgebung, UMR 6095, CNRS (Centre National de la Recherche Scientifique), CEA (Commissariat à l'Énergie Atomique) der Universitäten Caen und Paris V zuständig.

Negative priming effect after inhibition of number/length interference in a Piaget-like task. Von O. Houdé und É. Guichart in: Developmental Science, Bd. 4, S. 71, 2001

Consciousness and unconsciousness of logical-reasoning errors in the human brain. Von O. Houdé in: Behavioral and Brain Sciences, Bd. 25, Nr. 3, S. 341, Juni 2002

AUTOR UND LITERATURHINWEISE

Sehen ohne zu wissen

Bestimmte Hirnschäden lassen einen Menschen teilweise erblinden. Aber selbst ohne ein Objekt bewusst zu sehen, kann er eventuell auf gewisse Merkmale reagieren.

Von Michel Imbert

Die visuellen Fähigkeiten des Menschen sind verblüffend. Wir brauchen nicht einmal eine halbe Sekunde, um ein bekanntes Gesicht in einer Menschenmenge wieder zu erkennen. Dabei macht es gar nichts, wenn sich die Person verändert hat, weil sie älter geworden ist, eine neue Brille trägt oder sich die Haare färben ließ. An unserem Schreibtisch brauchen wir einen Bleistift oder einen Radiergummi nur kurz mit einem zerstreuten Blick erfassen, und schon können wir den Gegenstand ohne das geringste Zögern und mit erstaunlicher Präzision ergreifen. Besonderer Aufmerksamkeit bedarf es dazu nicht, manchmal müssen wir beim Zufassen nicht einmal hinsehen. Beim Überqueren einer Straße bemessen wir die Länge unserer Schritte ohne komplizierte Berechnungen genau so, dass wir den letzten Fuß exakt in der richtigen Höhe auf die gegenüberliegende Bordsteinkante setzen. Die Liste ließe sich noch lange fortsetzen.

Noch mehr erstaunt, wie früh sich diese Fähigkeiten zeigen. Bereits in den ersten Lebensmonaten erkennt ein Baby seine Mutter und ergreift Spielzeuge, die sich bewegen. Wenn ein Kind zu krabbeln anfängt, weicht es von Anfang an Hindernissen aus. Das Außergewöhnliche dieser Leistungen lässt sich ermessen, wenn man das menschliche Sehen durch künstliche Systeme nachzuahmen versucht. Bislang könnte keiner der mobilen, sich visuell orientierenden Roboter es mit einem neunmonatigen Kind aufnehmen.

Wen wundert es also, dass sich ganze Heerscharen von Wissenschaftlern auf die Erforschung der visuellen Wahrnehmung verlegt haben. Auf diesem Gebiet zu experimentieren und der Frage nachzugehen, was »sehen« oder »visuelles Bewusstsein« neurobiologisch bedeutet, ist relativ einfach. Philosophen, Psychologen und Biologen können aus kaum einer Disziplin so leicht Beispiele entlehnen, um über ihre Lieblingstheorien ▷

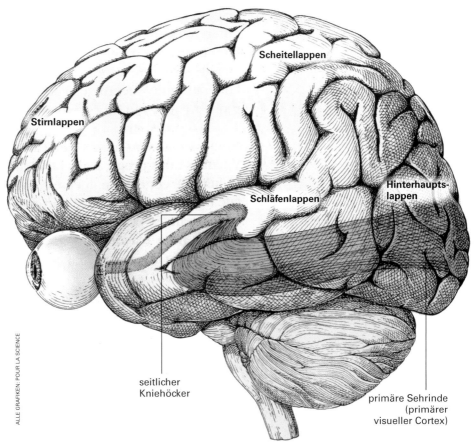

▷ Die Sehbahn des Menschen zieht vom Auge zur primären Sehrinde am Hinterkopf. Nachdem die Bildinformation bereits in der Netzhaut komprimiert und gefiltert wurde, gelangt sie über die Fasern des Sehnervs zunächst zum seitlichen Kniehöcker und von dort weiter zur Sehrinde beider Hirnhälften.

Stirnlappen

Scheitellappen

Schläfenlappen

Hinterhauptslappen

seitlicher Kniehöcker

primäre Sehrinde (primärer visueller Cortex)

ALLE GRAFIKEN: POUR LA SCIENCE

▷ Die Fasern beider Sehnerven über-
kreuzen sich in einer Weise, dass
die Informationen aus der linken Hälfte
des Gesichtsfeldes in den visuellen Cortex der rechten Hirnhälfte gelangen und
umgekehrt.

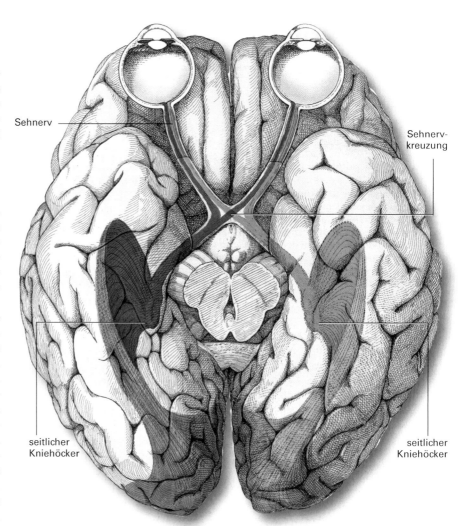

Sehnerv

Sehnerv-
kreuzung

seitlicher
Kniehöcker

seitlicher
Kniehöcker

▷ zum Bewusstsein zu diskutieren – gleich,
welche spezielle Auffassung sie vertreten
oder welche Unterscheidungen sie einführen müssen, um einen so weit gefass-
ten, so viele verschiedenartige Phänomene einbeziehenden Begriff besser zugänglich zu machen.

Eine Unmenge Versuchsergebnisse
ist so in den vergangenen Jahren zusam-
mengekommen. Wie erwartet erwies
sich das Sehsystem von Makaken und
Menschen als sehr ähnlich, sowohl in
der funktionellen Organisation allgemein, als auch in einzelnen Leistungen
wie Sehschärfe, Farben- und Bewegungs-
sehen, dreidimensionalem Sehen und
dem Erkennen von Formen. Diese Parallelen haben Forschungen ermöglicht, die
am Menschen schwer denkbar wären.
Vor allem Rhesus- und Javaneraffen aus
der Gattung der Makaken sind daher ein
wichtiges Modelltier der Neurowissenschaften. Was den Menschen anbelangt,
so haben inzwischen moderne bildgebende Verfahren, mit denen sich das Gehirn »bei der Arbeit« beobachten lässt,
immer mehr Bedeutung gewonnen.

Um die faszinierenden Erkenntnisse
zu visueller Wahrnehmung und Bewusstsein zu verstehen, muss man sich zunächst
die Sehbahn und einige Verarbeitungs-
schritte im Gehirn vergegenwärtigen.

Die so genannte primäre Sehbahn der
Primaten beginnt an der Netzhaut, auf
die das optische System des Auges ein
Bild der umgebenden Objekte wirft. Der
Weg führt über den Sehnerv und dessen
Kreuzung zunächst zum seitlichen Knie-
höcker, einer Umschaltstation im Zwi-
schenhirn, und dann weiter zur primären
Sehrinde im Hinterhauptslappen des
Großhirns (siehe Grafik oben). An der
Kreuzung wechselt die Hälfte der Fasern
jedes Sehnervs in die gegenüberliegende
Hirnhälfte, und zwar vereinigen sich je-
weils die Stränge, die von der nasenseiti-
gen Hälfte einer Netzhaut ausgehen, mit
Nervenfasern, die von der schläfenseiti-
gen Hälfte des anderen Auges kommen.
Auf diese Weise erhält die primäre Sehrinde der rechten Hemisphäre die Informati-

onen von der linken Seite des Gesichtsfeldes und umgekehrt (siehe Grafik oben).

Diese anatomische Besonderheit ist
wichtig, denn nur so lässt sich verstehen,
dass ein begrenzter Ausfall der – sagen
wir rechten – primären Sehrinde sich
durch Einbußen in der linken Hälfte des
Sehfeldes bemerkbar macht. Dort treten
dann blinde Bereiche auf, so genannte
Skotome. Bei einem praktisch totalen
rechtseitigen Ausfall verschwindet die
ganze linke Hälfte des Gesichtsfeldes.
Bewusst sehen lässt sich dort nichts.

Wie man ein Verkehrsschild erkennt

Das auf der Netzhaut entstehende Bild
kann nicht Punkt für Punkt an die
Sehrinde übermittelt werden – bei rund
140 Millionen Sehzellen, aber kaum
mehr als eine Million weiterleitende Nervenfasern schlicht unmöglich. Ein lokales
Verrechnungsnetzwerk filtert und komprimiert viel mehr die Daten des Bildes,
das dazu in annähernd runde Bereiche
aufgeteilt wird. Die Größe dieser so genannten rezeptiven Felder variiert je nach
Position auf der Netzhaut. Die visuellen
Informationen gelangen dann, als Nervenimpulse codiert, über die Fasern der

Sehbahn zur primären Sehrinde des Hinterhauptslappen. Dabei bleibt die Topo-
grafie der Netzhaut erhalten: Die Sehrinde einer Seite verkörpert in gewisser Weise eine Karte der gegenüberliegenden
Hälfte des Gesichtsfeldes, bestehend aus
kleinen Modulen, von denen jedes einem
rezeptiven Feld entspricht (siehe Grafik
S. 40).

Hier in der Hirnrinde, im Cortex, beginnt die Analyse der visuellen Informationen. Jede rezeptive Einheit des Cortex
enthält Nervenzellen, die auf bestimmte
Eigenschaften des entsprechenden Bildes
reagieren. Hierzu gehört die Orientierung
gerader optischer Kanten, Farben, Bewegungsrichtung und Geschwindigkeit von
Objekten sowie bestimmte für das räumliche Sehen wichtige Informationen, vor
allem der Unterschied zwischen den Bildern, die das rechte und das linke Auge
liefert. Alle Module verfügen also über
die komplette neuronale Ausstattung, um
ihren kleinen Ausschnitt des vom Auge
einlaufenden Bildes – und damit der Umgebung – zu analysieren. Über cortex-
interne Nervenbahnen fließen die Informationen über verschiedene Bildeigen-
schaften weiter zu anderen, sekundären

Sehregionen. Dort geht die Verarbeitung in detaillierter Form weiter.

Mehr als dreißig visuelle Areale sind inzwischen bekannt (siehe Grafik unten). Jedes verfügt über besondere physiologische Eigenschaften, entsprechend ihrer verschiedenen Aufgaben. Die Areale gewährleisten zum Beispiel das Erkennen von Formen und die Identifikation von Objekten. Mit ihrer Hilfe führen wir Seheindrücke mit gespeichertem Wissen zusammen und erkennen so beispielsweise ein Gesicht oder ein Verkehrsschild. Durch sie integrieren wir Sehen und Handeln, agieren gezielt, greifen bei Durst, ohne uns zu vergreifen, etwa nach einem Glas Wasser.

In bestimmten Schichten der primären Sehrinde sitzen zum Beispiel bewegungsempfindliche Neuronen. Ihre Signale laufen zu einer speziellen »Assoziationsregion« weiter, die als mittleres temporales visuelles Areal oder visuelle Area 5 (V5) bezeichnet wird (»temporal« bezeichnet den Schläfenlappen des Gehirns). Dort werden offensichtlich die dynamischen Aspekte des Bildes herausgelöst, darunter die Bewegungsrichtung eines Objektes. Zellen in den oberen Schichten der primären Sehrinde dagegen schicken Informationen über die spektrale Zusammensetzung des Lichts an V2 des visuellen Cortex. Von dort geht es weiter an Nummer 4, wo die Farbe einer gegebenen Oberfläche codiert wird, und zwar unter Berücksichtigung der Farben in ihrer Nachbarschaft.

Was die primäre Sehrinde alles an Bildattributen analysiert hat, wird somit über spezielle Bahnen an visuelle Areale verteilt, die am Übergang von Hinterhaupts- zum Scheitel- oder zum Schläfenlappen liegen. Wer in einer dieser Regionen einen Hirnschaden erleidet, büßt

jeweils bestimmte Leistungen des visuellen Systems ein.

Vor rund zwanzig Jahren entwickelten Leslie Ungerleider und Mortimer Mishkin von den amerikanischen Nationalen Gesundheitsinstituten in Bethesda (Maryland) ein Modell der visuellen Verarbeitung in unserer Hirnrinde. Demzufolge gehen von der primären Instanz zwei Hauptbahnen der weiteren Informationsverarbeitung aus (siehe Abbildung S. 41). Die erste, die so genannte ventrale Route verläuft unten zum Schläfenlappen. Dieses System spielt wahrscheinlich eine wichtige Rolle dabei, Farben, Formen und Objekte zu erfassen und zu identifizieren. Die zweite Route, die dorsale Bahn, zieht nach oben zum Scheitellappen. Zu ihren Aufgaben gehört es offenbar, räumliche Beziehungen herzustellen, Bewegungen wahrzunehmen und auf dem Sehsinn beruhende motorische Leistungen vorzubereiten. Die beiden Forscher haben die Zuständigkeiten prägnant umschrieben: Der untere Weg beantworte die Frage »Was sehe ich?«, der obere die Frage »Wo befindet sich, was ich sehe?«.

Intuitiv setzt man wohl voraus, jegliche Wahrnehmung sei auch bewusst. Dass dem nicht so ist, haben zahlreiche Untersuchungen an Patienten frappant gezeigt. Zu verdanken ist diese Erkenntnis Neurologen, die sich dem Thema Bewusstsein erstmals ernsthaft mit neuro-

biologischen Methoden näherten. Das eindrucksvollste Beispiel aus der klinischen Praxis stellt das so genannte Blindsehen dar. Geprägt wurde dieser griffige Ausdruck von dem britischen Neuropsychologe Larry Weiskrantz, der das Phänomen quasi wiederentdeckte.

Dinge erkennen, ohne sie zu sehen

Anfang der 1970er Jahre wurde nämlich im National-Hospital für Neurologie und Neurochirurgie am Queen Square in London ein junger Mann wegen einer Fehlbildung des arteriovenösen Blutsystems am Hinterhauptspol der rechten Hirnhälfte operiert. Bei diesem Eingriff verlor der als D. B. berühmt werdende Patient praktisch seine gesamte rechte primäre Sehrinde. Wie erwartet, zeigte er danach eine »linke Hemianopsie«, konnte also nach eigenem Bekunden ein Objekt oder Ereignis in der linken Hälfte seines Gesichtsfeldes nicht sehen. Erstaunlicherweise blieben trotzdem zahlreiche visuelle Fähigkeiten erhalten. Drängte man den Patienten im Experiment beispielsweise, obwohl er nichts »sah«, zwischen zwei Alternativen zu entscheiden, dann konnte er im blinden Bereich seines Gesichtsfeldes auf Lichter deuten, Bewegungen entdecken, die Orientierung von Gitterlinien bestimmen und einfache Formen wie X und O unterscheiden. ▷

▷ Nach einem Verarbeitungsschritt im primären visuellen Cortex (V1, dunkelviolett) gelangen die Informationen aus dem Auge in weitere visuelle Areale der Hirnrinde. Diese ähneln sich bei allen Primaten, hier dargestellt am Gehirn eines Makaken. Ihre Aufgabe: aus den von V1 einlaufenden Daten Form, Farbe, Identität, Orientierung und Position der gesehenen Objekte zu analysieren. Dabei befasst sich jedes der kleinen farbigen Areale ganz speziell nur mit einem dieser Aspekte.

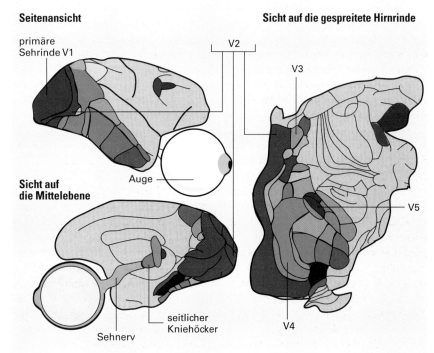

Seitenansicht

primäre Sehrinde V1

V2

V3

Auge

Sicht auf die Mittelebene

Sicht auf die gespreitete Hirnrinde

V5

V4

seitlicher Kniehöcker

Sehnerv

▷ Sein Fall wurde 1974 vom Weiskrantz-Team veröffentlicht, nachdem bereits im Jahr zuvor ein sehr ähnlicher Fall aus München bekannt geworden war. Danach beschrieben verschiedene Gruppen weitere Beispiele, darunter das Team um Marc Jeannerod und Marie-Thérèse Perrenin an der Universität Lyon. Es handelte sich jedes Mal um Personen, die im »blinden« Bereich Formen, Bewegungen, Orientierungen, Farben und Flimmern erkennen oder unterscheiden konnten. Dabei waren diese Fähigkeiten je nach Patient mehr oder weniger erhalten.

Wer über normales Augenlicht verfügt, kann sich schwerlich vorstellen, »wie das ist«, Dinge wahrzunehmen, die man nicht sieht. Die Patienten beschreiben ihre Erfahrung individuell sehr verschieden. Auf einige wirkt es so, als würden sie die richtige Antwort erraten,

▽ Die Netzhaut zerlegt das Sehfeld in eine Reihe nahezu kreisrunder Bereiche, die so genannten rezeptiven Felder. Jedes entspricht einem Ausschnitt des Raumes, der durch die Optik des Auges auf der Netzhaut abgebildet wird. Jedem Feld ist ein eigenes Modul der primären Sehrinde gewidmet, auf der sich das Gesichtsfeld quasi als Karte abbildet. Jedes Modul wiederum enthält Untergruppen von Neuronen, die auf verschiedene Eigenschaften »ihres« Bildstückchens ansprechen – etwa auf seine Farbe. Von diesen Zellen werden die Informationen dann nach Typ sortiert zur weiteren Verarbeitung in die nachgeordneten visuellen Areale geschickt.

ohne sich dabei auf ein wie immer geartetes Gefühl zu stützen. Sie halten sich für völlig blind. Andere sagen, ihre Antwort werde von einer gewissen Empfindung beeinflusst, die jedoch nichts mit einem optischen Eindruck gemein habe. Die paradoxen visuellen Fähigkeiten entsprechen somit nicht einem normalen, nur stark abgeschwächten Sehvermögen; denn sie kommen nur unter experimentellem Zwang zu Tage, und die Betreffenden sind sich in keinem Fall bewusst, wodurch ihre Wahl gesteuert wird.

Das Phänomen Blindsehen zeigt eines ganz deutlich: Wir müssen ein Objekt gar nicht sehen – in dem Sinne, dass wir uns des Gesehenen auch bewusst sind, damit es für uns zugänglich und erfassbar wird. Dies bietet ein höchst eindrucksvolles Beispiel dafür, dass die visuelle Wahrnehmung im üblichen Sinne des Wortes und das Bewusstsein, also sie subjektive Zugänglichkeit dessen, was man gerade »sieht«, auseinander fallen.

Fachleute haben verschiedene neurobiologische Erklärungen für das Blindsehen vorgeschlagen und diskutiert. Doch auch wenn Debatten darüber heute nicht mehr zwangsläufig in Streit ausarten, so ist sich die Fachwelt über die grundlegenden Mechanismen und die beteiligten neuronalen Pfade immer noch uneins. Zum einen – aber seltener – wird die Ansicht vertreten, Strukturen »unterhalb« der Hirnrinde, tiefer im Gehirn, seien für die rätselhaften visuellen Leistungen verantwortlich. Dass dies der Fall sein könnte, beweisen – so ihre Anhänger – zum Beispiel Frösche, denn die Lurche besitzen keinen Cortex, können

aber einer Fliege mit den Augen folgen und sie fangen. Allerdings lässt sich dies kaum mit den Fähigkeiten blindsehender Menschen vergleichen, die zum Beispiel auch Buchstaben erkennen.

Sehen ohne zu verstehen

Nach der zweiten häufigeren Hypothese fließen die visuellen Informationen nicht nur über den Hauptstrang der Sehbahn; vielmehr seien Zwischenstationen wie der Kniehöcker oder andere benachbarte tiefere Strukturen auch direkt mit sekundären visuellen Regionen verbunden, unter Umgehung der primären Sehrinde (siehe Abbildung rechts). Anders gesagt: Ein Teil der Informationen von der Netzhaut erreicht offensichtlich die höheren Instanzen des visuellen Systems, ohne die Rindenareale zu durchlaufen, in denen das bewusste Bild der Umgebung entsteht. Auf diese Weise wäre erklärt, warum das Gehirn über mehr Informationen verfügt, als der bewusste visuelle Eindruck beinhaltet, der sich auf die »sehenden« Bereiche des Gesichtsfeldes beschränkt.

Neuropsychologen kennen noch weitere Beispiele dafür, dass wir unbewusst mehr wissen. Zwei interessante Formen sind das implizite – also unbewusste – Wiedererkennen bei bestimmten Formen »visueller Agnosien« und der einseitige »Neglect«. Bei visuellen Agnosien können die Patienten bestimmte komplexe, auf dem Sehen beruhende Leistungen nicht mehr erbringen. Dabei ist weder ihre Konzentrationsfähigkeit noch ihre Intelligenz gestört, auch ihre sprachlichen Fähigkeiten und ihr Sehvermögen

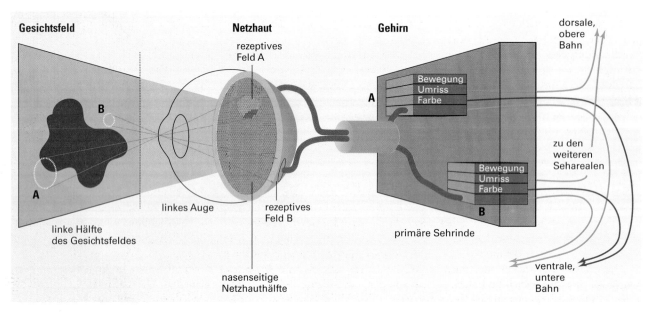

Gesichtsfeld

B

A

linke Hälfte
des Gesichtsfeldes

Netzhaut

rezeptives
Feld A

linkes Auge

rezeptives
Feld B

nasenseitige
Netzhauthälfte

Gehirn

A

Bewegung
Umriss
Farbe

Bewegung
Umriss
Farbe

B

primäre Sehrinde

dorsale,
obere
Bahn

zu den
weiteren
Seharealen

ventrale,
untere
Bahn

Zwei Pfade und eine Abkürzung

Über eine obere und eine untere Bahn (Pfeile) gehen die visuellen Informationen von der primären Sehrinde an sekundäre Regionen. Was die Person sieht, wird dort mit dem integriert, was sie weiß oder tut. Der untere Weg von der primären Sehrinde zum Schläfenlappen hilft uns erkennen, was für ein Objekt wir vor uns haben. Der obere Pfad zum Scheitellappen vermittelt dessen Orientierung und Position im Raum. Wird der primäre Cortex zerstört, bleiben einige dieser Fähigkeiten überraschenderweise erhalten. Dies deutet darauf hin, dass visuelle Informationen nicht unbedingt den Weg über den Hinterhauptslappen nehmen müssen. Möglicherweise existiert eine Abkürzung, die von einem Hirnkern in der Nachbarschaft des seitlichen Kniehöckers ausgeht (Kreis und gestrichelter Pfeil in Orange).

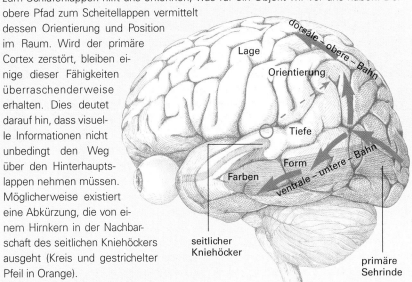

sind in Ordnung. Durch ihr Verhalten und ihre verbalen Reaktionen wird jedoch klar, dass sie die Bedeutung dessen, was sie sehen, nicht verstehen, und dass sie bestimmte Objekt nicht mehr allein auf Grundlage von visuellen Informationen erkennen können. Im Unterschied zum Blindsehen sind bei Agnosien Hirnregionen außerhalb der primären Sehrinde geschädigt. Die Störungen liegen im unteren Schläfenlappen, genauer im Verlauf oder zum Ende des ventralen Pfades hin, der mutmaßlich die Frage »Was sehe ich?« beantwortet.

Es gibt zwei bemerkenswerte Gruppen solcher Patienten. Beide offenbaren visuelle Fähigkeiten, die weit über das hinausgehen, was sie sich selbst zutrauen oder was Tests zum expliziten Sehen bei ihnen ergeben. Ihr »Nichtwissen« betrifft Objekte, aber jeweils andere. Beim ersten Typus, der so genannten Prosopagnosie, ist das eine ganz besondere Klasse: Gesichter. Wie die moderne funktionelle Bildgebung ergab, beruht das Problem auf einer Schädigung in einem genau umrissenen Bereich des ventralen Pfades, der »fusiformen Windung«. Damit bestätigen sich ältere, jedoch weniger sichere anatomisch-klinische Befunde.

Das Defizit tritt selektiv auf, unabhängig von einer möglichen Beeinträchtigung der Objekterkennung an sich. Auch

hat es weder mit den frühen Stufen der visuellen Verarbeitung noch mit dem Gedächtnis zu tun. Wieder zeigt sich die altbekannte Diskrepanz: Die Patienten sind unfähig, ein Gesicht explizit einzuordnen, gleichzeitig ist aber nachweisen, dass sie es implizit erkannt haben.

Dieses »unbemerkte Erkennen« lässt sich an physiologischen, von Emotionen abhängigen Parametern ablesen. Sieht ein Mensch mit neu aufgetretener Prosopagnosie ein vertrautes Gesicht – zum Beispiel seine Verlobte –, schlägt sein Herz schneller und die Leitfähigkeit seiner Haut verändert sich, auch wenn er explizit nichts mehr mit dem Gesicht der Partnerin anzufangen weiß. Auch an der Reaktionszeit lässt sich indirekt das Wiedererkennen ablesen. All diese Verfahren zeigen, dass der Körper wohl erkennt – obgleich der Geist nicht weiß.

Der zweite bemerkenswerte Typ Agnosie betrifft unbelebte Objekte. So wurde eine Patientin infolge einer Kohlenmonoxid-Vergiftung unfähig, einen Gegenstand und dessen Größe, Form und Orientierung zu erkennen. Sie schafft es jedoch, ihre Hand genau richtig zu führen, das Objekt mit den Fingern präzise zu umfassen und anzuheben. Auf diese Weise kann sie beispielsweise eine Karte in einen Schlitz beliebiger Orientierung stecken. Obwohl die Frau keine bewuss-

te Kenntnis von den Dingen vor ihr besitzt, ist sie also noch im Stande, visuelle Informationen zu nutzen, um ihre Greifbewegung zu lenken.

Allerdings steht ihrem Steuerungssystem nur ein Teil der visuellen Informationen zur Verfügung. Wenn man die Patientin zum Beispiel darum bittet, T-förmige Objekte in entsprechende Öffnungen zu stecken, scheitert sie oft, da sie einen der zwei Balken des T nicht richtig positioniert. Dies deutet darauf hin, dass ihr die Information über die Orientierung eines Elementes zwar noch zugänglich ist, dass sie aber mehrere Informationen zur Ausrichtung nicht in den richtigen Zusammenhang bringen kann.

Letztere Agnosie ist auch ein gutes Beispiel dafür, dass die Sehwahrnehmung in zwei getrennte Aspekte zerfällt: Einerseits dient sie dazu, eine direkte Interaktion mit dem Objekt auszulösen und zu steuern, andererseits dazu, eine bewusste Repräsentation des Objekts zu erzeugen. Vor dem Hintergrund solcher Befunde haben Melvyn Goodale von der Universität von Western Ontario im kanadischen London und David Milner von der Universität Durham (Großbritannien) vor zehn Jahren die Urversion des dualen Modells modifiziert. Auch bei ihnen ist die ventrale Bahn für die Frage »Was sehe ich?« zuständig; die dorsale Route dagegen antwortet ihrer Ansicht nach nicht auf das »Wo«, sondern auf das »Wie«.

Eine Wie-Route und eine Was-Bahn

Beispielsweise gibt es Patienten, deren beide Scheitellappen geschädigt wurden. Sie zeigen die genau entgegengesetzten Symptome wie bei einer Objektagnosie. Man spricht hier von einer optischen Ataxie. Die Betroffenen haben kaum Probleme, einen bekannten Gegenstand zu erkennen. Sie haben jedoch große Schwierigkeiten mit der räumlichen Aufmerksamkeit, also damit, ihre Konzentration auf einen bestimmten Punkt des Gesichtsfeldes zu lenken. Überdies tun sie sich schwer, ihre Blickrichtung zu steuern, und schaffen es kaum, mit der Hand ein Objekt zu ergreifen. Diese Patienten vollführen schlecht gezielte, erratische Bewegungen, um den Gegenstand zu erreichen. Wenn es ihnen doch gelingt, müssen sie im Gegensatz zu einem gesunden Menschen ihren Griff durch wiederholtes Nachfassen korrigieren. ▷

▷ Diese Beobachtung weist darauf hin, dass die Verletzungen im Scheitellappen die Fähigkeit ausschalten, räumliche Informationen zu einem Objekt zu nutzen. Daher können die Patienten ihre Hand dem Gegenstand nicht mehr nähern und die Finger an dessen Größe, Form und Orientierung anpassen. Sowohl die Objektagnosie wie auch die optische Ataxie fügen sich in das Konzept der dorsalen und ventralen Bahn: Bei der Frau, die keine Gegenstände mehr erkennt, sie jedoch noch mit der Hand ergreifen kann, ist offensichtlich die obere »Wie«-Route intakt und der untere »Was«-Weg geschädigt. Bei ataktischen Personen dagegen ist es genau umgekehrt. Überdies scheint die dorsale Bahn nicht nur darüber Auskunft zu geben, wo sich etwas befindet, sondern auch darüber, wie man es ergreifen kann.

Die verschiedenen visuellen Areale des ventralen und dorsalen Pfades enthalten Neuronen, die genau an die entsprechenden Aufgaben angepasst sind. So finden sich in der Scheitelregion Nervenzellen, die zusätzlich zur Bewegung auch sensibel für die Bahn und die Geschwindigkeit des anvisierten Objektes sind. Sie springen beispielsweise nicht auf Farbe an, sondern nur auf Ortsveränderungen relativ zum Hintergrund.

Die Neuronen in den visuellen Regionen der Schläfengegend dagegen reagieren bevorzugt auf Merkmale, durch die sich Objekte identifizieren lassen. So kommen in der unteren Schläfenwindung Nervenzellen vor, die selektiv durch elementare geometrische Figuren wie Kreuze, Gabelungen oder Kanten aktiviert werden. Diese bilden eine Art Alphabet, aus denen sich kompliziertere Strukturen zusammensetzen lassen. Bei Primaten spricht eine ziemlich große Population von Nervenzellen direkt auf natürliche Formen an, die für diese Tiere eine große biologische Bedeutung haben: Hände und Gesichter.

Treten Schäden hingegen einseitig lokal im unteren Scheitellappen auf, so vermindert das deutlich die Präzision, mit der Objekte im Gesichtsfeld der gegenüberliegenden Hirnseite lokalisiert werden können. Besonders auffällig wird dieser Effekt, wenn die rechte Hirnhälfte betroffen ist. Es entsteht ein so genannter linksseitiger Neglect. Solche Patienten ignorieren alle Objekte in der linken Hälfte ihres Gesichtsfeldes. Sie kämmen sich ihre Haare nur links, sie schlüpfen nur in den rechten Ärmel ihres Mantels und malen nur die rechte Seite einer Figur. Dieses Halbieren der Welt betrifft sogar das Gedächtnis oder mentale Bilder.

Tun ohne zu wissen

Die Patienten verarbeiten aber durchaus die visuellen Informationen aus der betroffenen Gesichtsfeldhälfte. Hier nur ein Experiment als Beispiel: Man präsentiert den Patienten im Zentrum ihres Sehfeldes für kurze Zeit eine Abfolge von Buchstaben. Diese können ein Wort bilden, wie V, O, G, E, L, oder zufällig zusammengewürfelt sein, wie etwa G, L, E, O, V. Die Aufgabe besteht nun darin, so schnell wie möglich zu bestimmen, ob es sich um ein Wort handelt oder nicht. Diese so genannte lexikalische Entscheidung ist ein klassischer Test der Psycholinguistik.

Die Antwortzeit lässt sich abkürzen, indem man kurz vor einer sinnvollen Buchstabenfolge ein Bild einblendet, das mit dem präsentierten Wort bedeutungsgemäß verwandt ist. So könnte man vor V, O, G, E, L beispielsweise einen Kanarienvogel einblenden. Dieser Trick funktioniert, selbst wenn das Bild nur so kurz aufscheint, dass es für die Versuchsperson gar nicht bewusst wahrnehmbar ist, sondern nur als so genanntes Priming wirkt. Dabei spielt keine Rolle, ob es in der gesunden oder der gestörten Hälfte des Gesichtsfeldes auftaucht. Dieses Beispiel bestätigt erneut, dass Menschen visuell präsentierte Informationen aufnehmen, obwohl sie diese nach eigenen Aussagen gar nicht »sehen«. Es handelt sich um das altbekannte Auseinanderfallen von visueller Wahrnehmung und dem Bewusstsein dessen, was man sieht.

Es gibt noch viele weitere Fälle von spektakulären Dissoziationen zwischen dem, was ein hirngeschädigter Patient bewusst weiß und dem, was er zu leisten vermag: wahrnehmen, sich Dinge merken, Informationen auswählen und ordnen, zielgerichtete Bewegungen ausführen, Objekte greifen oder Hindernissen ausweichen. All dies tut er, ohne zu wissen, wie und warum.

Vorschnell wäre aber nun zu folgern, bewusst wahrgenommene Bilder entstünden in der primären Sehrinde, während die sekundären Sehregionen im Grenzbereich zwischen Hinterhaupts- und Scheitellappen beziehungsweise Schläfenlappen dafür zuständig seien, Objekte visuell zu erkennen und zu orten sowie

▶ Ein Gesicht ist für einen gesunden Menschen leicht zu erkennen – nicht mehr jedoch, wenn es auf dem Kopf steht. Bei der »Prosopagnosie« können Gesichter nicht mehr identifiziert werden. Das Gesicht der Verlobten beispielsweise löst aber körperliche Reaktionen aus.

CRAIG M. MOONEY, AUS: CANADIAN JOURNAL OF PSYCHOLOGY 1957, BAND 11 (4)

Bestimmte Schäden in einem der Scheitellappen können einen »halbseitigen Neglect« verursachen. Die Patienten scheinen die Informationen der jeweils gegenüberliegenden Hälfte des Gesichtsfeldes total zu ignorieren. Hier wurde eine solche Person gebeten, alle Linien auf dem Blatt durchzustreichen. Tests zufolge ist aber ein Teil der Informationen aus dem ignorierten Bereich dem Gehirn durchaus verfügbar – ohne dass dies dem Betroffenen bewusst ist.

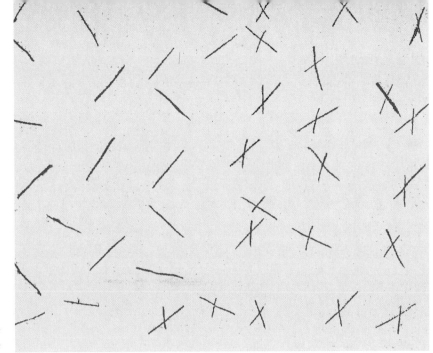

Seheindrücke und Handeln zu integrieren. Hierbei übernähme die dorsale Bahn die Ortung und die ventrale Route die Erkennung von Gegenständen. Doch Vorsicht vor übereilten Schlüssen! Wenn man etwas tun kann, ohne es zu wissen, weil ein kleiner Bereich des Gehirns ausgefallen ist, bedeutet dies nicht automatisch, dass das verlorene Bewusstsein in dem betreffenden Bereich lokalisiert war. Es ist in der Tat wenig wahrscheinlich, dass die primäre Sehrinde das anatomische Korrelat des visuellen Bewusstseins darstellt. Dieses ist wohl eher zum Schläfenlappen hin zu suchen. Was spricht dafür?

Wenn Hirnzellen wie der Versuchsaffe »antworten«

Wenn man einem Menschen – oder einem anderen Säugetier – auf beiden Augen gleichzeitig jeweils verschiedene Sehreize präsentiert, überlagern sich diese Bilder nicht, sondern er nimmt abwechselnd und in zufälligem Wechsel immer eines davon wahr. Man spricht von einem dichoptischen Stimulus, und das Phänomen, dass sich die Bilder der beiden Augen gegenseitig unterdrücken, wird fachlich als binokulare Rivalität bezeichnet.

Nikos Logothetis und seine Kollegen vom Max-Planck-Institut für biologische Kybernetik in Tübingen zeigten nun einem Affen auf dem linken Auge Blüten und auf dem rechten Auge ein Gesicht. Das Tier war darauf trainiert, je nach gerade wahrgenommenem Reiz einen von zwei Knöpfen zu drücken, und während es dies tat, registrierten die Forscher über Elektroden die neuronale Aktivität in verschiedenen Sehregionen. Im ventralen Pfad des unteren Schläfenlappens zapften sie Nervenzellen an, die auf Gesichter ansprechen. Diese Neuronen reagierten ge-

nau dann mit Nervenimpulsen, wenn der Affe durch Drücken der entsprechenden Taste kundgab, dass er ein Gesicht »gesehen« hatte. Sie blieben stumm, wenn das Tier per Druck auf den anderen Knopf wissen ließ, dass er Blumen »sah«. Man könnte sagen, die betreffenden Zellen des unteren Schläfenlappens antworten »genau wie der Affe«. Offenbar codieren sie dieselbe Information wie das Bewusstsein des Tieres.

Dennoch genügt es nicht, nur die ventrale Bahn zu aktivieren, um eine bewusste Erfahrung hervorzurufen. Dies zeigen neuere Versuche von Stanislas Dehaene und seinen Kollegen vom Service hospitalier Frédéric Joliot in Orsay. Die Forscher führten mit menschlichen Versuchspersonen psycholinguistische Experimente durch, die sich auf das Priming mit unterschwelligen Reizen stützen. Gleichzeitig machten sie mit bildgebenden Verfahren die Hirnaktivität sichtbar. Nach ihren Resultaten zu schließen wird ein Denkinhalt dann bewusst, wenn gleichzeitig ventrale Sehregionen und bestimmte Areale des Stirnhirns aktiviert werden.

Demnach sitzt das Bewusstsein nicht in einer bestimmten Region der Hirnrinde. Es beruht vielmehr darauf, dass sich neuronale Repräsentationen von Objekten für kurze Zeit zusammenschließen. Diese Repräsentationen sind selbst wieder dynamischer Natur: Sie beruhen auf Neuronen-Ensembles, die nach einem räumlich-zeitlich exakt definierten Muster aktiv werden und sich über das gesamte Gehirn erstrecken.

Die Vorstellung, das visuelle Bewusstsein hänge von der Korrelierung

weit auseinander liegenden Hirnaktivitäten ab, ist bestechend. Sie regt dazu an, die Beziehung zwischen dem, was man wahrnimmt und was man tut, was man sieht und zu sehen glaubt, zu überdenken. Die Inhalte unserer bewussten Wahrnehmung werden aus den Signalen extrahiert, die von der Netzhaut der Augen in die verschiedenen primären und sekundären Regionen der Hirnrinde gehen. Das Bewusstsein an sich dürfte jedoch aus der zeitlich definierten Gegenüberstellung der Ergebnisse entstehen, die durch diese Areale hervorgebracht werden.

Die künftige Aufgabe wird sein, erst einmal eingehend konzeptuell zu analysieren, was »wahrnehmen« und »bewusst sein« bedeuten. Nur so können wir die Beziehung zwischen der Sehwahrnehmung und dem Bewusstsein besser verstehen. Genug zu tun also für weitere Scharen von Philosophen und Neurobiologen.　◁

Michel Imbert ist Directeur d'études an der Hochschule für Sozialwissenschaften und Professor am Institut universitaire de France, einer zentralen Einrichtung zur Förderung der französischen Wissenschaft. Er gründete das Zentrum für Hirnforschung und Kognition des CNRS und der Universität Paul Sabatier in Toulouse.

Ein Gesicht wie das andere. Von Thomas Grüter in: Gehirn & Geist Nr. 3/2003, S. 64

The visual brain in action. Von A. Milner und M. Goodale. Oxford University Press, 1995

Concurrent processing in the primate visual cortex. Von D. van Essen und E. Deyeo in: The Cognitive Neurosciences, MIT Press, S. 384, 1995

AUTOR UND LITERATURHINWEISE

BEWUSSTSEIN

Botschaften aus der Hirnrinde

Dem Gehirn praktisch online bei der Arbeit zuschauen – diesem Wunschtraum kommen heute Verfahren nahe, die aus elektromagnetischen Signalen aufschlussreiche Bilder der Hirnaktivität erstellen.

Von Bernard Renault und Line Garnero

Der französische Philosoph René Descartes war noch auf seine Vorstellungskraft angewiesen, als er 1648 in seiner Abhandlung »Über den Menschen« darüber spekulierte, wie der Geist die Maschine Mensch in Gang setzt. Er hauche der Gehirnmechanik Leben ein: »Genau wie Sie wohl an … den Brunnen unserer Majestäten gesehen haben, dass allein die Kraft, mit der das Wasser sich bewegt, wenn es seine Quelle verlässt, genügt, um dort diverse Apparaturen zu bewegen und sie sogar … einige Worte hervorbringen zu lassen.« Heute haben sich die Vorstellungen über den Geist natürlich deutlich weiterentwickelt, aber im Prinzip verwirklichen wir Descartes' Traum: Wir werfen die ersten Blicke auf das Räderwerk eines denkenden Gehirns.

Dieses Kunststück beruht auf Verfahren, die uns einen Blick in das Innere unseres Denkorgans erlauben, und dies mit hoher zeitlicher und räumlicher Auflösung. Die Rede ist von der funktionellen Magnetresonanztomografie (fMRT), auch als Kernspintomografie bekannt, und der elektromagnetischen Bildgebung, zu der Elektroencephalografie (EEG) und Magnetoencephalografie (MEG) zählen. In der richtigen Kombination eingesetzt, enthüllen sie uns, welche Bereiche des Gehirns durch sensorische, motorische oder kognitive Aufgaben beansprucht werden – und dies auf rund eine Millisekunde und einige Kubikmillimeter genau.

Die funktionelle MRT registriert den variierenden Blutfluss in den einzelnen Regionen des Gehirns. Eine starke Durchblutung spiegelt einen hohen Aktivitätszustand des neuronalen Gewebes wider, da arbeitende Nervenzellen Glucose und Sauerstoff verbrauchen, der über den Lebenssaft herangeschafft werden muss. Jede Messung erfasst das gesamte Hirnvolumen und dauert etwa eine halbe Sekunde. Demnach liegen zwischen einzelnen MRT-Bildern – für neuronale Begriffe – sehr lange Zeitspannen, und man erhält nur eine lose Folge von Momentaufnahmen, die nicht ausreichen, die oft sehr rasch wechselnde Aktivität der Nervenzellen zu erfassen. Die räumliche Auflösung dieser Bilder ist dagegen hervorragend: Sie liegt im Bereich eines Kubikmillimeters.

Was EEG und MEG angeht, so erfassen diese ohne Umweg über den Blutfluss und in Echtzeit die Hirnaktivität. Sie greifen deren elektrische und magnetische »Signatur« an der Kopfhaut ab. Somit liegt der Messort hier ein Stück von den aktiven Neuronennetzen entfernt. Die Messungen können im Abstand von Millisekunden erfolgen, wenn nötig sogar noch öfter. Ähnlich wie bei der fMRT liegt die räumliche Auflösung bei einigen Kubikmillimetern. Allerdings lässt sich diese Genauigkeit nur dann erreichen, wenn ein Signal aus einem kleinen Hirnareal stammt, was leider selten der Fall ist. Daher geben die elektromagnetischen Bilder zwar die Hirntätigkeit in Echtzeit wieder, können jedoch Anzahl und Lage der aktiven Stellen nicht so genau bestimmen wie die funktionelle Kernspintomografie (siehe Artikel S. 54). Für wissenschaftliche und klinische Forschungen am menschlichen Gehirn sollten also am besten all diese Möglichkeiten der Bildgebung vorhanden sein.

Wie kommen die bei MEG und EEG detektierten elektromagnetischen Felder nun zu Stande? Erhält ein Neuron ein Nervensignal, so öffnen sich lokal in seiner Außenmembran spezielle Kanäle für Ionen. Da die geladenen Atome oder Moleküle zwischen Innerem und Äußerem der Zelle verschieden hoch konzentriert sind, bewegen sie sich entsprechend dem Gefälle und dem Ladungsunterschied zunächst durch die Schleusen. Zwischen zwei Punkten auf einer noch ruhenden Nervenzelle herrscht dagegen elektrische Neutralität, bestehen also keine Ladungsunterschiede. Sie entstehen aber, wenn dort, wo ein Nervensignal einläuft, beispielsweise positive Ladungsträger einströmen. Diese hinterlassen außen eine »Stromsenke«: Sie ist gegenüber einem anderen Punkt außen auf der Zelle negativ (»weniger positiv«). Letztlich fließt innen wie außen ein elektrischer Strom. Innerhalb der Zelle wird er als Primär- oder Quellenstrom bezeichnet, wo er sich längs der unterschiedlichen Fortsätze des Neurons ausbreitet. Die ausgleichenden Ionenbewegungen außerhalb heißen Sekundär- oder Volumenströme (siehe obere Grafik im Kasten S. 46).

Das Resultat sind elektromagnetische Felder. Jeder Stromfluss erzeugt nämlich in seiner Umgebung ein Magnetfeld.

Die Potenzialdifferenz zwischen zwei Punkten einer »Stromlinie« ist der Stromstärke proportional und der Leitfähigkeit des Mediums umgekehrt proportional. Die MEG- und EEG-Geräte haben freilich keinen »direkten Draht« zu den einzelnen elektrischen Ereignissen im Gehirn, sondern können nur die Summe ihrer Effekte auf der Schädeloberfläche erfassen. Aus der erstellten Karte des Magnet- und Potenzialfeldes auf der Kopfhaut lässt sich jedoch ihre Verteilung im Gehirn rekonstruieren.

Wäre die – sehr schwache – elektrische Aktivität jeder einzelnen Nervenzelle von der aller anderen Neuronen unabhängig, könnte man außen an der Kopfhaut nur ein gleichmäßiges elektromagnetisches Rauschen erfassen. Glücklicherweise gibt es in der Hirnrinde Verbände aus eng beieinander liegenden Nervenzellen, die synchron aktiv werden. Diese »funktionellen Makrosäulen« sind rund drei Millimeter dick und ebenso hoch. Die Elementarströme ihrer hunderttausende bis eine Million Einzelneuronen addieren sich zu einem Betrag, den die Geräte erfassen können. Jeder dieser Verbände verhält sich wie ein elektrischer Dipol, dessen Orientierung der mittleren Ausrichtung aller Dendriten entspricht, also jener vielen Fortsätze, über die ein Neuron Nervensignale empfängt. Durch die fast palisadenartige Anordnung dieser »Äste« in einer Säule sind die Äquivalenzdipole der Rinde lokal senkrecht zur gefalteten Hirnoberfläche ausgerichtet (untere Grafik im Kasten S. 46). Die Stärke eines solchen Dipols ist gleich der Gesamtstromdichte in der Makrosäule.

MEG-Geräte registrieren das Magnetfeld, EEG-Geräte das elektrische Po- ▷

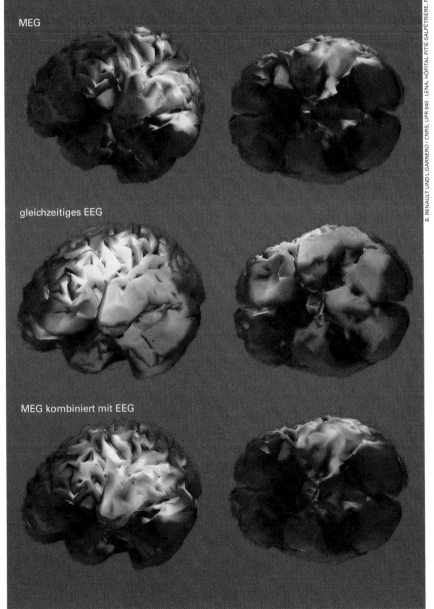

MEG

gleichzeitiges EEG

MEG kombiniert mit EEG

◁ Elektroencephalografie und Magnetoencephalografie ergänzen sich. Auf der Darstellung der MEG-Daten (oben) fallen die aktiven Regionen (farbig) kleiner aus als im EEG-Bild (Mitte). Dies liegt daran, dass tiefer im Gehirn liegende Neuronenverbände kaum zum MEG-Signal beitragen, während die schlechte räumliche Auflösung der EEG die tatsächlich tätigen Zonen größer erscheinen lässt. Bei kombinierter Darstellung (unten) werden Regionen sichtbar, die per MEG schwer zu erfassen sind. Gleichzeitig ergibt sich ein genaueres Bild der Verteilung als bei der EEG.

tenzial, das auf die Gesamtheit der Primär- und Sekundärströme zurückgeht. Da die sekundären immer viel schwächer sind als die primären Ströme, ist im Allgemeinen auch das von ihnen erzeugte Magnetfeld deutlich schwächer. Daher sprechen die MEG-Detektoren letztlich viel besser auf die Primärströme in den Makrosäulen an.

Filme der Hirnaktivität

Für die per EEG gemessenen Potenzialunterschiede sind dagegen vor allem elektrische Feldlinien an der Kopfhaut verantwortlich, also letztlich Sekundärströme. Unter anderem deshalb unterscheidet sich die räumliche Auflösung der beiden Methoden.

Das Magnetfeld nimmt mit dem Quadrat der Entfernung zwischen Detektor und Dipol ab, das Potenzial hingegen nur proportional zum einfachen Abstand. Aus diesem Grund treten tiefer gelegene Quellen im EEG stärker hervor als im MEG. Überdies sprechen beide Verfahren unterschiedlich an, je nachdem, ob die Dipole der Makrosäulen senkrecht oder parallel zur Kopfhaut liegen – ob es sich also um »radiale« oder »tangentiale« Quellen handelt. Erstere erzeugen höchstens ein sehr schwaches Magnetfeld, dafür aber sehr hohe Potenzialunterschiede. Da alle Dipole vor Ort senkrecht zur gefalteten Oberfläche des Gehirns orientiert sind, entsprechen radiale Quellen jeweils funktionellen Makrosäulen auf dem »Dach« der Hirnwindungen. Tangentiale Quellen befinden sich dagegen in den Seitenwänden der engen Furchen zwischen den Windungen (siehe Grafik S. 47). Auf diese Weise besitzen die beiden elektromagnetischen Bildgebungsverfahren komplementäre Eigenschaften, die erst in Kombination gestatten, sämtliche Dipolquellen möglichst genau zu erfassen, unabhängig von deren Orientierung oder Entfernung zur Kopfhaut.

Die Makrosäulen sind die kleinste als Dipol erfassbare Funktionseinheit im Gehirn. Ihre Größe von einigen Dutzend Kubikmillimetern setzt der räumlichen Auflösung von EEG und MEG somit eine natürliche Grenze, die aber in der Praxis nur selten erreicht wird. Zum Ausgleich dafür sind die elektromagnetischen Verfahren sehr schnell. Mit ihrer Abtastrate von mehr als tausend Messungen pro Sekunde können sie richtige »Filme« der Hirnaktivität aufzeichnen. Zum Vergleich: Das so genannte postsynaptische Potenzial – also die elektrische Erregung, die zu den Primärströmen führt – dauert wegen der geringen Leitungsgeschwindigkeit im Zellplasma etwa eine Hundertstelsekunde.

Erstes EEG vor 75 Jahren in Jena

Das erste Elektroencophalogramm wurde von dem deutschen Neurologen und Psychiater Hans Berger an der Psychiatrischen Klinik in Jena aufgezeichnet. Sein Verfahren veröffentlichte er 1929. Sein erster Patient hatte allerdings ein Loch im knöchernen Schädel, sodass die »Hirnströme« leichter zu erfassen waren. Das Prinzip der Messung ist gleich geblieben, aber die Technik hat sich natürlich weiterentwickelt.

Moderne münzförmige Elektroden, die auf der Kopfhaut Potenzialunterschiede registrieren, stellen den Kontakt zur Haut durch ein leitfähiges Gel sicher. Ihre Anzahl bewegt sich zwischen 20 Stück bei der Standardanordnung und 128 oder gar 256 vor allem in der Neuropsychologie, wobei in letzteren Fällen die Elektroden in eine Art Haube integriert sind. Bei mehrtägigen Messungen wie im Rahmen der Epilepsiediagnostik werden die Detektoren allerdings direkt auf die Kopfhaut geklebt. Da das elektrische Potenzial eine Potenzialdifferenz und damit ein relativer Wert ist, benötigt man bei jeder Messung eine Referenzelektrode, etwa eine feste am Ohrläppchen oder eine andere auf der Kopfhaut. Dies bedeutet eine Einschränkung, da die am Vergleichspunkt gemessene Aktivität in Wirklichkeit auch nicht konstant bleibt, sondern mit der Zeit variiert.

Anfangs dienten die erfassten elektrischen Potenzialschwankungen dazu, Hirnstromkurven zu erstellen und daran den zeitlichen Verlauf der Hirnaktivität zu studieren. Erst mit der Einführung der Magnetencephalografie begann man auch, die Daten als »Hirnbilder« darzu-

Was Nervenzellen als Signale abstrahlen

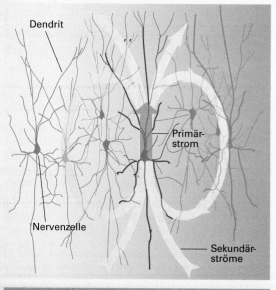

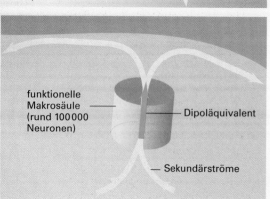

MEG- und EEG-Geräte erfassen magnetische und elektrische Felder, die durch die Aktivität des Gehirns entstehen. Empfängt eine Nervenzelle lokal ein Nervensignal, beginnen dort Ionen durch ihre Membran zu fließen. Diese Ladungsverschiebung führt zu einer Potenzialdifferenz sowohl innerhalb als auch außerhalb der Zelle und damit zu zwei Arten elektrischer Ströme: zum Primärstrom (blau) im Zellinneren entlang der Dendriten und zu den Sekundärströmen (blasslila), die im Außenbereich des Neurons wieder für elektrische Neutralität sorgen.

Die elektromagnetischen Signale eines einzelnen Neurons sind eigentlich zu schwach. EEG- und MEG-Geräte registrieren hauptsächlich die Aktivität so genannter funktioneller Makrosäulen. Das sind Verbände aus rund hunderttausend synchron arbeitenden Neuronen, die sich auf engem Raum konzentrieren. In ihrer Gesamtheit wirken sie wie ein einheitlicher elektrischer Dipol, dessen Ausrichtung dem Hauptverlauf der Dendriten der einzelnen Neuronen entspricht.

Labels on image 1: Dendrit; Primärstrom; Nervenzelle; Sekundärströme

Labels on image 2: funktionelle Makrosäule (rund 100 000 Neuronen); Dipoläquivalent; Sekundärströme

stellen. Da die elektrischen Hirnströme
sehr schwach sind, erzeugen sie magnetische Felder, deren Stärke in der Größenordnung von nur 10^{-13} Tesla liegt. Das
ist eine Milliarde Mal schwächer als das
Erdmagnetfeld. Man muss sich also extrem empfindlicher Messverfahren bedienen, die erst in neuerer Zeit entwickelt wurden.

Die erste direkte Aufzeichnung von
Hirnmagnetfeldern gelang 1972 David
Cohen, einem auf Abschirmtechnik spezialisierten Physiker des Massachusetts
Institute of Technology in Cambridge.
Möglich geworden war sie durch Mag-
netfelddetektoren, die auf Tieftempera-
tur-Supraleitern basierten und damals
erst seit etwa zwei Jahren auf dem Markt
waren. Es handelte sich um so genannte
Squids, englisch für *superconducting
quantum interference devices*. Diese su-
praleitenden Quanteninterferometer setzen Änderungen des magnetischen Flusses in Spannungsänderungen um. Beim
MEG-Gerät sitzen die Squid-Sensoren
in einem Isoliergehäuse. Flüssiges Helium aus einem Behälter über dem Helm
umströmt sie zur Kühlung (siehe Foto
S. 50). Etwa einhundert Liter verbraucht
die Apparatur pro Woche.

Weil Hirnmagnetfelder so schwach
sind, muss das Messsystem vor externen
Störfaktoren – insbesondere dem Erdmagnetfeld und den magnetischen Ein-
flüssen elektrischer oder elektronischer
Geräte – abgeschirmt werden. Am effizi-
entesten geht das in einer Kammer mit
Metallwänden, die diese Störgrößen um
einen Faktor tausend bis zehntausend
abschwächt. Zusätzlich bedient man sich
oft eines technischen Tricks, einer so genannten Differenzmessung. Diese nutzt
den Umstand, dass sich die Feldstärke einer weit entfernten Störquelle innerhalb
des Messraums kaum ändert. Zwei nahe
beieinander liegende »Empfänger« werden deshalb das gleiche Störsignal registrieren (praktisch keine Differenz), aber
von der zu messenden Hirnregion unterschiedlich starke Signale aufnehmen
(große Differenz). Jeder Detektor ist daher mit mehreren geeignet angeordneten
Spulen zur Erfassung des magnetischen
Flusses ausgestattet.

Durch die Abschirmung und den
Einsatz von Tieftemperatur- Supraleitern
ist die Magnetencephalografie etwa so
teuer wie die funktionelle Kernspintomografie. Dennoch haben sich die Geräte in den vergangenen Jahren beachtlich

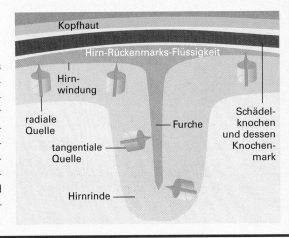

Orientierung der Dipole

Die Orientierung eines Äquivalenzdipols
hängt von der Position der zugehörigen Makrosäule ab. Da die Säulen zumeist senkrecht zur Oberfläche der
Hirnrinde stehen, liegen die Dipolquellen in den Furchen überwiegend parallel oder »tangential« zur Schädeloberfläche. Quellen nahe der Kopfoberfläche, auf den Hirnwindungen, sind
senkrecht oder »radial« zum Schädelknochen gerichtet.

Kopfhaut — *Hirn-Rückenmarks-Flüssigkeit* — *Hirn-windung* — *radiale Quelle* — *tangentiale Quelle* — *Furche* — *Schädelknochen und dessen Knochenmark* — *Hirnrinde*

weiterentwickelt. Während die ersten
Systeme maximal an die dreißig Detektoren enthielten und nur einen Teil der
Schädeloberfläche abdeckten, gibt es inzwischen käufliche Systeme, deren Helm
über mehr als einhundert Kanäle verfügt
und den gesamten Kopf erfasst. Überdies
erlauben die neuen Apparate kombinier-
te MEG-EEG-Messungen.

Immer in Betrieb

Wie kann nun ein Neurowissenschaftler,
der mit bildgebenden Verfahren arbeitet,
unter allen aktiven Regionen einer Versuchsperson diejenigen erkennen, die
mit der gerade untersuchten Aufgabe beschäftigt sind? Im Gehirn herrscht nämlich jederzeit Betrieb, selbst wenn eine
Person gerade gar nichts tut. Forscher
überlagern daher häufig die EEG- oder
MEG-Daten aus mehreren konsekutiven
Messungen, bei denen derselbe Reiz bei
derselben Aufgabe wiederholt wird.
Durch die Mittelung sollen die jeweils
spezifischen Aktivitätskomponenten her-
vortreten, die durch sensorische Reize
ausgelöst und daher als evozierte Potenziale bezeichnet werden. Eine evozierte
Reaktion beginnt oft mit frühen Elementen, die etwa 20 bis 150 Millisekunden nach dem Reiz auftreten und dessen
sensorische Wahrnehmung widerspiegeln. Zu diesem Zeitpunkt werden aber
auch schon Verarbeitungsvorgänge sichtbar, die sich in den späteren Bestandtei-
len der evozierten Reaktion fortsetzen.

Zahlreiche sensorische oder kognitive
Vorgänge lassen sich dank der Mittelung
untersuchen. So zu verfahren setzt jedoch
voraus, dass die Reaktionen des Gehirns
bei jedem Versuchsdurchgang und jeder

Versuchsperson gleich verlaufen. Um sich
von dieser Beschränkung frei zu machen,
arbeitet man derzeit an neuen statistischen Verfahren, die ohne Mittelung aus-
kommen und bei denen bereits die Daten
eines Probanden aus einem Versuchsdurchgang Aussagekraft besitzen. Viele
Neurobiologen nehmen heute an, dass
sich während kognitiver Vorgänge Neuronen zu Ensembles zusammenschließen,
deren Zellen ihre Entladungen synchronisieren (siehe den Beitrag S. 20). Die
Forscher hoffen daher, die an einer Aufgabe beteiligten Hirnregionen im MEG
oder EEG an dieser Gleichtaktung zu erkennen; so wären sie nicht mehr auf
Durchschnittswerte angewiesen.

Um ein wirklichkeitsnahes Bild der
Hirnaktivität zu erhalten, muss man aus
den MEG- und EEG-Signalen jeweils
Ort, Ausrichtung und Stärke der Primärströme ableiten. Die erste Schwierigkeit
hierbei besteht in der geringen Anzahl
verfügbarer Messdaten: um die 300, im
Vergleich zu zehntausend bis einer Million bei der Positronen-Emissionstomografie oder bei der funktionellen Kernspintomografie. Die registrierten Signale müssen dann mathematisch ausgewertet werden, um die Verteilung der Dipolquellen
zu rekonstruieren, auf denen sie beruhen.
Rechentechnisch läuft diese Aufgabe darauf hinaus, das so genannte direkte und
das inverse Problem zu lösen.

Bei Ersterem geht es darum, ein Modell des Kopfes zu entwickeln, das den
Einfluss von Weichgewebe und Knochen
auf elektromagnetische Felder wiedergibt
(siehe Kasten S. 48). Bei gegebener Verteilung der Primär- und Sekundärströme
im Gehirn müssen sich mit Hilfe dieses ▷

Wie der Kopf das Magnetfeld verformt

Das so genannte direkte Problem besteht darin, das Magnetfeld und das elektrische Potenzial zu berechnen, das sich durch eine gegebene Quelle – hier einen Dipol (gelber Pfeil) in der Hörrinde – an der Kopfoberfläche ergibt. Zu diesem Zweck erstellt man ein Modell, das die Grenzflächen zwischen Gehirn und Schädel sowie Schädel und Kopfhaut enthält und das die Leiteigenschaften dieser Gewebe nachstellt (a). Die Grafiken rechts zeigen das Magnetfeld an der Oberfläche des Gehirns (b), des Schädelknochens (c) und der Haut (d), das die gelb dar-

gestellte Quelle nach einem solchen Modell erzeugt. Die untere Bildreihe (e, f und g) gibt die entsprechenden elektrischen Potenziale auf jeder dieser Oberflächen wieder.

Wie man sieht, wird das Magnetfeld durch die verschiedenen Gewebe wenig verformt; der Kopf ist sozusagen magnetisch transparent. Das elektrische Potenzial sieht dagegen an der Kopfhaut ganz anders aus als auf Höhe der Hirnrinde. Dies liegt an der geringen, zudem anisotropen Leitfähigkeit des Schädelknochens.

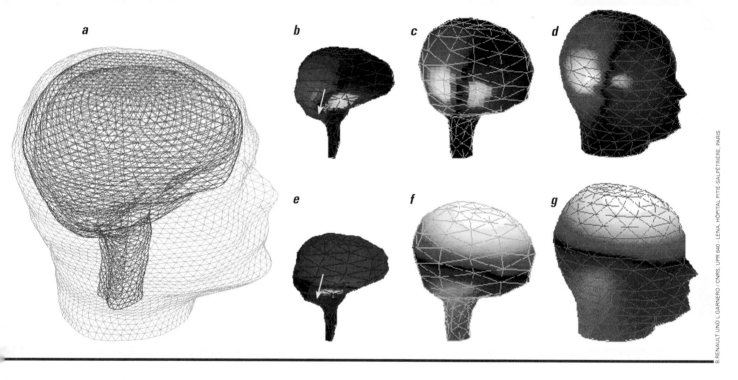

B. RENAULT UND L.GARNERO / CNRS, UPR 640 - LENA, HÔPITAL PITIÉ SALPÊTRIÈRE, PARIS

▷ Konstrukts die zugehörigen Felder und Potenziale auf der Kopfhaut berechnen lassen. Nur wenn man weiß, wie die durch die Nervenaktivität erzeugten Felder beim Durchdringen der verschieden leitfähigen Milieus des Schädels verzerrt werden, lässt sich dann von einer gegebenen elektrischen und magnetischen Konfiguration an der Oberfläche auf die Verteilung der Quellen im Gehirn rückrechnen. Auch die Sekundärströme hängen von der Gestalt und der Leitfähigkeit aller Gewebe ab; wir müssen diese Eigenschaften bei jeder Versuchsperson kennen und im Modell erfassen.

Die Strukturen des Kopfes – die Haut, der Schädelknochen und deren Knochenmark, die Räume mit Hirn-Rückenmarks-Flüssigkeit sowie die weiße und graue Substanz des Gehirns – haben zwar eine komplexe Geometrie. Sie lässt sich aber bei jeder Versuchsperson mit Hilfe »anatomischer« Kernspinaufnah-

men bestimmen. Schwieriger wird es, was das Leitvermögen der Schädelstrukturen angeht; unser Wissen ist hier sehr begrenzt. Die meisten Daten wurden an Gewebeproben oder an betäubten Tieren erhoben, und die Resultate beider Arten der Messung weichen überdies voneinander ab. Dennoch verfügt man über eine gewisse Datenbasis zu den elektrischen Eigenschaften der relevanten Strukturen, mit der sich das direkte Problem näherungsweise lösen lässt.

Das inverse Problem

Die Leitfähigkeit des Schädelknochens beispielsweise ist diesen Erkenntnissen zufolge ungefähr achtzig Mal geringer als die der gesamten anderen Gewebe. Überdies hängt sie von der Stromrichtung ab, ist also »anisotrop«. Der Schädel leitet tangential zu seiner Oberfläche ungefähr drei Mal besser als senkrecht zu ihr. Daher werden die Linien des elektri-

schen Potenzials zur Kopfoberfläche hin abgelenkt und erscheinen an der Kopfhaut viel divergenter, als sie im Inneren des Kopfes verlaufen. Magnetfelder hingegen werden in ihrer Ausbreitung durch Unterschiede in der Leitfähigkeit kaum berührt. Sie überwinden daher den Schädelknochen zwischen ihrer Quelle und den Detektoren nahezu ohne Deformation – ein Umstand, der ebenfalls zur besseren räumlichen Auflösung des MEG beiträgt. Sämtliche Daten zu Leitfähigkeit und Geometrie der Gewebe werden schließlich zu einem dreidimensionalen Gitternetzmodell zusammengefasst, das die Grenzflächen der verschiedenen Milieus darstellt und deren jeweilige Eigenschaften simuliert (siehe Grafiken oben).

Damit ist das Rüstzeug vorhanden, um das inverse Problem zu lösen: aus EEG- und MEG-Daten die Verteilung der aktiven Dipole im Gehirn zu rekonstruieren. Im Prinzip könnte man eine Reihe von Hypothesen zu möglichen Verteilungen aufstellen, dann berechnen, welche Feldstruktur die Quellen auf der Kopfhaut erzeugen würden, und das Ergebnis mit den tatsächlich beobachteten Werten vergleichen. Der Haken an diesem Vorgehen: Bereits 1853 bewies der deutsche Physiker Hermann von Helmholtz (1821–1894), dass verschiedene Anordnungen von elektrischen Ladungen und Strömen in einem leitenden Medium nach außen die gleichen elektromagnetischen Felder erzeugen können. Daher hat jedes inverse Problem mehr als eine Lösung, und nur durch Zusatzinformationen lässt sich die richtige unter allen möglichen Konfigurationen auswählen.

Jeder Stromdipol wird durch sechs Parameter vollständig beschrieben: Drei legen seinen Ort im Raum fest, zwei seine Orientierung und einer seine Stärke. In bestimmten einfachen Fällen kann man so tun, als ob statt mehrerer Primärströme nur ein einziger, ihnen äquivalenter Dipol vorläge. Viel häufiger kommt es jedoch vor, dass erst mehrere Dipole die Messdaten hinreichend genau modellieren. Je größer deren Anzahl ist, desto schlechter ist eine denkbare Lösung bestimmt. Jedes Auswertungsverfahren kann höchstens so viele Parameter bestimmen, wie es Datenpunkte zur Verfügung hat. Durch einen EEG-Datensatz, der mit zwanzig Elektroden aufgenommen wurde, lassen sich daher maximal drei Dipole ermitteln: Jeder von ihnen nimmt sechs Datenpunkte in Anspruch, drei Quellen zusammen also achtzehn.

Im Fall der Magnetenzephalografie haben wir es etwas leichter. Wie erwähnt, tragen radiale Quellen hier sehr wenig zum gemessenen Feld bei. Bei einem kugelförmigen Kopf wären sie sogar absolut »unsichtbar«. Daher hat man hier nur mit Dipolen tangentialer Orientierung zu tun, was die Anzahl der pro Quelle zu bestimmenden Parameter auf fünf reduziert (siehe Grafik rechts).

Eine Idee zweier Neurowissenschaftler in Deutschland vereinfachte EEG wie MEG 1986 schließlich noch weiter: Michael Scherg vom Universitätsklinikum Heidelberg und Yves von Cramon, heute am Max-Planck-Institut für Kognitions- und Neurowissenschaften in Leipzig, betrachteten nicht mehr nur eine einzige Momentaufnahme der elektromagneti-

schen Felder, sondern mehrere aufeinander folgende Aufnahmen desselben evozierten Potenzials oder Magnetfeldes. Dabei gingen sie von der Annahme aus, dass einige Hundertstelsekunden lang dieselben Neuronenverbände für eine gegebene Aufgabe zuständig bleiben und dass daher die Verteilung der Quellen von einer Messung zur nächsten kaum variiert. Auf diese Weise hatten die beiden Forscher plötzlich für die Positionsbestimmung eine größere Anzahl von Datenpunkten zur Verfügung. Heute verfügen alle MEG-Systeme über Programme, die nicht nur die Lage der Dipole im Raum, sondern auch deren zeitliche Veränderung zu erfassen suchen, unter der Zusatzannahme, dass sich diese Parameter von einem Zeitpunkt zum nächsten nicht abrupt ändern.

Wie man aus weniger mehr macht

Oft sind die Hirnaktivitäten in ihrer Struktur so komplex, dass sie sich nicht durch eine Anordnung aus Primärdipolen darstellen lassen. Wie sich gezeigt hat, sind solche Modelle jedoch gut bei den frühen Komponenten der evozierten Antworten anwendbar, die oftmals die Wahrnehmung und Verarbeitung eines Reizes anzeigen. Die gefundenen Lösungen passen im Allgemeinen zu den neurophysiologischen Erkenntnissen über sensorische und motorische Funktionen. Unter diesen Bedingungen lassen sich die Quellen mit der MEG auf wenige Millimeter, mit der EEG auf einen bis zwei Zentimeter genau lokalisieren.

Will man jedoch Signale untersuchen, die von Neuronennetzen erzeugt werden, die sich durch das gesamte Gehirn ziehen, genügt das Dipol-Näherungsverfahren nicht mehr. Hier sind die

beteiligten Neuronen nicht mehr in einer kleinen funktionellen Makrosäule konzentriert, die ein Dipolsignal liefert, sondern ein ganzes Netz aus Nervenzellen feuert zur gleichen Zeit. Aus diesem Grund haben Neurowissenschaftler Modelle »verteilter Quellen« entwickelt. Dabei gehen sie von einer großen Zahl von Dipolen aus, die gleichmäßig über einen Teil oder das gesamte Volumen des Gehirns verstreut sind. Hier kann man sofort eine anatomische Beschränkung einführen: Alle Quelle sollen in den oberen Schichten der Hirnrinde liegen. Ausgehend von anatomischen Kernspinaufnahmen der jeweiligen Person wird dann ein Cortexmodell erstellt und dicht an dicht mit Dipolen »bepflastert«.

Da die Primärströme von Dendriten ausgehen, die senkrecht zur Rindenoberfläche verlaufen, ist die Orientierung aller Dipole bekannt, und nur noch ihre Stärke bleibt zu bestimmen. Die Schwierigkeit besteht in ihrer hohen Anzahl, durch die dieses inverse Problem unterbestimmt bleibt. Mit anderen Worten: Die Daten von rund 300 Messkanälen reichen nicht aus, um zu einer eindeutigen Lösung zu gelangen. Auch hier muss man auf Grundlage ergänzender Informationen Einschränkungen bezüglich der Gestalt der Lösung einführen, um ▷

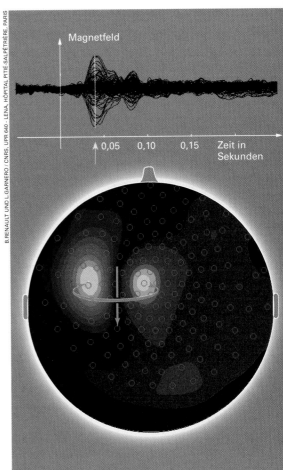

B. RENAULT UND L. GARNERO / CNRS, UPR 640 - LENA, HÔPITAL PITIÉ-SALPÊTRIÈRE, PARIS

▶ Die Kurven oben stellen den zeitlichen Verlauf von MEG-Signalen dar, wie sie von den einzelnen Squid-Sensoren registriert werden. Vierzig Millisekunden nach einem Sinnesreiz entladen sich mehrere Neuronen gleichzeitig (gelber Pfeil), entsprechend der Aktivierung einer Neuronengruppe im primären sensorischen Cortex. Aus der »Karte« der Magnetfelder, die in diesem Augenblick registriert wurden (unten), schließt man auf die Lage des zu dieser Feldstruktur äquivalenten Dipols (grün).

▷ der tatsächlichen Situation in der Hirnrinde möglichst nahe zu kommen.

Alternativ lässt sich die Unterbestimmtheit auch mindern, indem man zur Lösung eines gegebenen inversen Problems simultan aufgenommene MEG- und EEG-Signale kombiniert. So fungieren die Daten einer Methode als zusätzliche Basis für die Lösung des inversen Problems der jeweils anderen. Die beiden Datensätze ergänzen sich und beschränken den Raum der möglichen Lösungen (siehe Abbildung S. 45).

Die verschiedenen Verfahren der Neurobildgebung gewähren uns immer bessere Einblicke ins lebende Gehirn. Dabei hat jedes von ihnen seine speziellen Vorzüge. Die elektromagnetischen Verfahren eignen sich besonders gut, die Repräsentation des Körpers im Gehirn sichtbar zu machen, also die Regionen der Hirnrinde, die etwa für bestimmte Gliedmaßen zuständig sind. Mit ihrer Hilfe lässt sich sogar beobachten, wenn hier Veränderungen auftreten, und dies hat zu mehreren interessanten Entdeckungen geführt. Eine Reihe von bewusst erlebten Krankheitssymptomen wie Schmerzen oder ungewöhnliche Empfindungen geht beispielsweise mit veränderten Repräsentationen in der Hirnrinde einher. Aber auch auf therapeutischem Weg lassen sich Modifikationen erzielen.

Die ersten MEG-Studien zur Formbarkeit oder »Plastizität« corticaler Repräsentationen des Körpers stammen aus den frühen 1990er Jahren. Hierbei ging es um Jugendliche, die mit Syndaktylie geboren wurden, einer vererbten Missbildung der Hände. Ihre Finger sind unterschiedlich stark miteinander verwachsen, sodass die Kinder sie nicht einzeln zum Daumen bewegen können. Daher werden die Fingerglieder im Jugendalter chirurgisch getrennt.

Bei etwa Gleichaltrigen ohne diese Behinderung zeigt die Magnetencephalografie säuberlich geschiedene Repräsentationen eines jeden der fünf Finger auf dem sensorischen Cortex. Man sieht regelrecht, wie die entsprechenden Rindenfelder in einem Abstand von rund zwei Zentimetern anatomisch korrekt nebeneinander liegen, vom Daumen bis zum kleinen Finger.

Ein neues Konzept gegen Phantomschmerzen

Bei Jugendlichen mit Syndaktylie sind die Finger auf dem Cortex dagegen kaum getrennt. Nach der Operation, wenn die Patienten gelernt haben, beispielsweise Daumen und kleinen Finger einander gegenüberzustellen und Objekte zu greifen, geschieht jedoch etwas Bemerkenswertes: Durchschnittlich innerhalb von 24 Tagen trennen sich die Repräsentationen der beiden Finger voneinander und nehmen am Ende die gleiche Position auf dem Cortex ein wie bei gesunden Personen.

Auch bei Erwachsenen ist das Gehirn noch in derselben Weise formbar. Ein prominentes Beispiel sind hier amputierte Patienten, die oft über so genannte Phantomschmerzen klagen. Dieses bisweilen extrem unangenehme Gefühl wird bei Armamputierten häufig durch das Berühren des Gesichts ausgelöst, beispielsweise beim Schminken oder Rasieren.

Bis vor wenigen Jahren riet man ihnen, den Verlust ihres Körpergliedes zu akzeptieren und zu betrauern – ohne dass dieser Versuch einer Psychotherapie jedoch die Schmerzen linderte. 1995 machte Herta Flor mit ihren Kollegen von der Humboldt-Universität Berlin dann eine Entdeckung, die das bisherige Therapiekonzept auf den Kopf stellte: Nach einer Armamputation vereinnahmen Repräsentationen des Gesichts das ursprünglich von der entfernten Gliedmaße belegte Cortexareal. Die Patienten litten umso schlimmere Schmerzen, je weiter dieser Prozess fortgeschritten war. Demnach besteht die beste Methode der Therapie offensichtlich darin, diese Inbesitznahme von Anfang an zu verhindern. Aber wie?

Erneut gab die funktionelle Bildgebung den entscheidenden Hinweis. Als man Probanden aufforderte, sich ihren Körper in einer Bewegung vorzustellen – diese Handlung also mental zu repräsentieren –, zeigte ihr Gehirn eine ähnliche Aktivität wie während des realen motorischen Aktes. Allein der Gedanke, den Arm zu bewegen, mobilisiert fast dieselben Neuronennetze wie die tatsächliche Bewegung. Von dieser Erkenntnis ausgehend entwickelten Herta Flor und Vilayanur Ramachandran, der Direktor des Zentrums für Gehirn und Kognition der Universität von Kalifornien in San Diego, ein neues Konzept zur Behandlung der Phantomschmerzen. Es geht nicht länger darum, dass amputierte Menschen den Verlust ihres Körperteils »akzeptieren». Man hilft ihnen stattdessen, eine bewusste und aktive mentale Darstellung des fehlenden Körperteils zu bewahren, um den »Wildwuchs« von fremden Repräsentationen in den entsprechenden Rindenregionen zu verhindern. Der Erfolg dieser Art von Rehabilitation gab den Forschern inzwischen Recht.

In jüngster Zeit haben Pascal Giraud und seine Kollegen vom Institut für Kognitionswissenschaften in Lyon auf spektakuläre Weise beobachten können, wie flexibel die menschliche Hirnrinde reagiert, in diesem Fall mit der funktionellen Magnetresonanztomografie. Bei einem Patienten, dem beide Hände amputiert werden mussten, waren die Repräsentationen dieser Körperteile von der Hirnrinde verschwunden. Dafür hatten sich die Areale ausgedehnt, die für sein Gesicht zuständig waren. Nachdem der Mann zwei neue Hände verpflanzt bekommen hatte, eroberten diese den angestammten Platz auf dem Cortex jedoch wieder zurück.

Dieser Magnetencephalograf steht im Krankenhaus La Pitié-Salpêtrière in Paris. Der Helm enthält 151 supraleitende Squid-Sensoren, die mit Hilfe von flüssigem Helium aus dem Reservoir oben auf extrem tiefer Temperatur gehalten werden. Überdies verfügt das Gerät über einen 64-Kanal-EEG-Rekorder und kann daher gleichzeitig die elektrische Aktivität des Gehirns messen.

Gestörte Ordnung

Die somatosensorische Hirnrinde spricht unter anderem auf Berührung der Haut an. Bei einer gesunden Person (links) ist dort jeder Finger der rechten Hand durch eine Gruppe von Nervenzellen vertreten, deren Aktivität durch einen elektrischen Dipol dargestellt werden kann (Pfeile). Aus technischen Gründen ließen sich hier nur vier Finger erfassen. Die Dipole sind tangential zur Oberfläche orientiert, da sie Neuronen entsprechen, die

in der Zentralfurche der Hirnrinde sitzen. Man sieht, dass die Finger in anatomischer Reihenfolge abgebildet sind.

Bei einem Patienten mit so genannter Dystonie (rechts), auch Schreibkrampf genannt, ist diese Reihenfolge gestört, und die Repräsentationen von Daumen und Zeigefinger überlagern einander. Dargestellt wurde hier die nicht-dominante Hand auf der anderen Hirnhälfte.

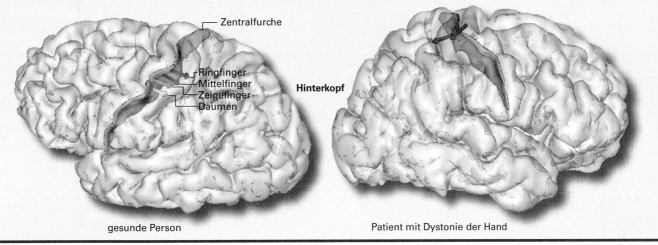

Zentralfurche

Ringfinger
Mittelfinger
Zeigefinger
Daumen

Hinterkopf

gesunde Person

Patient mit Dystonie der Hand

Am Zentrum für MEG und EEG des Krankenhauses La Pitié-Salpêtrière in Paris haben wir vor kurzem ganz ähnliche Beobachtungen gemacht. Wir untersuchten Menschen mit so genannten Dystonien – wörtlich: falschen Spannungszuständen. Speziell befassten wir uns mit dem »Schreibkrampf«, einer schwer zu behandelnden neurologischen Störung. Sie führt – wie der Name andeutet – zu unwillkürlichen Muskelkontraktionen und einer abnormen Haltung. Man kennt zwei Varianten des Syndroms: eine frühe, generalisierte Form, für die eine genetische Ursache feststeht, sowie einen späten Typus, bei dem eine Vererbung noch umstritten ist. Bei Letzterem spielen unter anderem repetitive Tätigkeiten eine ursächliche Rolle.

Chaos auf der falschen Seite

Insgesamt untersuchten wir 23 Patienten mit einseitiger Dystonie, indem wir an ihrer dominanten Hand Berührungsreize setzten, um die zugehörigen Cortexareale zu aktivieren. Dann verglichen wir die Repräsentationen der Finger bei den Patienten mit der Situation bei zwanzig gesunden Vergleichspersonen. Wir waren davon ausgegangen, dass die Krankheit Rindenareale der dominanten, dystonischen Hand verändert. So sollten die Repräsentationen der Finger dieser Seite

falsch angeordnet sein oder sich einander überlagern. Es gab jedoch eine Überraschung: Mit Ausnahme einiger Personen mit besonders starken Symptomen waren die Finger der dominanten, dystonischen Hand nur leicht desorganisiert. Stattdessen herrschte in der corticalen Darstellung der nicht-dominanten, symptomfreien Hand Chaos – und zwar umso größeres, je stärker sich die Krankheit auf der dominanten Seite manifestierte! Wie lässt sich dies deuten?

Wir vermuten, dass das, was wir in der nichtdominanten Hirnhälfte sehen, praktisch nur Angeborenes darstellt. Die nahezu normalen Repräsentationen in der dominanten Hemisphäre dagegen sind etwas Erworbenes: das Ergebnis einer aktiven Umorganisation durch den Patienten, der – gegen den genetischen Einfluss ankämpfend – sich gezielt seiner dominanten Hand bedient und so den Ausbruch der Krankheit hinauszögert. Bei besonders stark betroffenen Personen – hier sehen selbst die Repräsentationen der dominanten Seite desorganisiert aus – erlagen diese anscheinend der Übermacht der Gene.

Wie all diese Studien zeigen, sind die Repräsentationen unseres Körpers in der Hirnrinde formbar. Sie sind nicht nur das Resultat der Erbanlagen, sondern auch der Umwelt, des persönlichen Ver-

haltens und korrigierender Effekte von Therapie und Rehabilitation. Wie es aussieht, hatten wir bislang viel zu starre Vorstellungen darüber, wie das Gehirn funktioniert. Hier kommen so machtvolle Methoden wie Elektro- und Magnetenzephalografie gerade recht: Sie werden uns dabei helfen, auch herauszufinden, welcher Teil unseres Verhaltens angeboren ist und welcher erworben. ◁

Bernard Renault und **Line Garnero** leiten das CNRS-Labor für Neuropsychologie und bildgebende Verfahren des Gehirns am Krankenhaus La Pitié-Salpêtrière in Paris.

Die blinde Frau, die sehen kann. Von V. Ramachandran, Rowohlt, 2002

Cortical reorganization in motor cortex after graft of both hands. Von P. Giraud et al. in: Nature Neuroscience, Bd. 4, S. 691, 2001

Human brain mapping in dystonia reveals both endophenotype traits and adaptive reorganization. Von S. Meunier et al. in: Annals of Neurology, Bd. 50, S. 521, 2001

Combined MEG and EEG source imaging by minimization of mutual information. Von S. Baillet et al. in: Institute of Electrical and Electronic Engineers Transactions on Biomedical Engineering, Bd. 46, S. 522, 1999

AUTOREN UND LITERATURHINWEISE

BEWUSSTSEIN

Das entblätterte Gehirn

Das Who's who der Hirnstrukturen, auf ein überschaubares Maß reduziert, erleichtert die Orientierung in dem Organ, das unser Bewusstsein bestimmt.

Ein dicker Walnußkern mit kurzem Stiel und einem verschlungenen Wollstrang als Haarknoten – so etwa mutet die Seitenansicht unseres Gehirns an (Bilder links und rechts unten). Der Knoten ist das Kleinhirn, der Stiel der untere Teil des Stammhirns und die Walnuss das stark gefaltete Großhirn. Dessen Furchen und Windungen bieten dem Kundigen eine Orientierungshilfe.

Kein Gehirn gleicht freilich dem anderen. Die markanten Geländemerkmale seiner Oberfläche variieren erheblich, wie der Vergleich zwischen einem echten (links unten) und dem idealisiert gezeichnetem Gehirn (rechts unten) illustriert. Auch grenzen sich die verschiedenen Hirnlappen nicht überall scharf voneinander ab. Die linke und rechte Hirnhälfte sind zudem nicht einfach spiegelsymmetrisch. Sprachzentren wie das Broca-Areal liegen gewöhnlich auf der linken Seite. Trennt man die linke Hälfte weit gehend ab, wobei der verbindende »Balken« zu durchschneiden ist, und entfernt gewisse die Sicht behindernde Strukturen, so ergibt sich in etwa ein Anblick wie in der großen Grafik (rechts oben). Zum Vergleich ist ein einfach median geteiltes echtes Gehirn abgebildet (zweites Foto von unten).

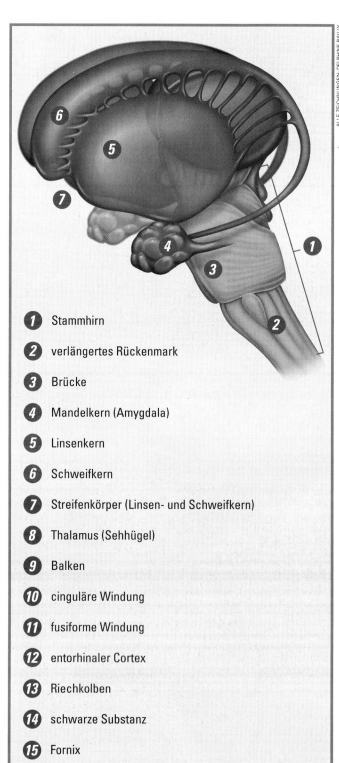

1 Stammhirn

2 verlängertes Rückenmark

3 Brücke

4 Mandelkern (Amygdala)

5 Linsenkern

6 Schweifkern

7 Streifenkörper (Linsen- und Schweifkern)

8 Thalamus (Sehhügel)

9 Balken

10 cinguläre Windung

11 fusiforme Windung

12 entorhinaler Cortex

13 Riechkolben

14 schwarze Substanz

15 Fornix

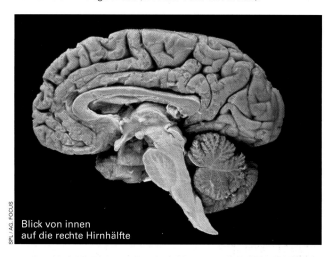

Blick von innen
auf die rechte Hirnhälfte

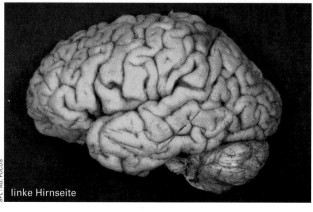

linke Hirnseite

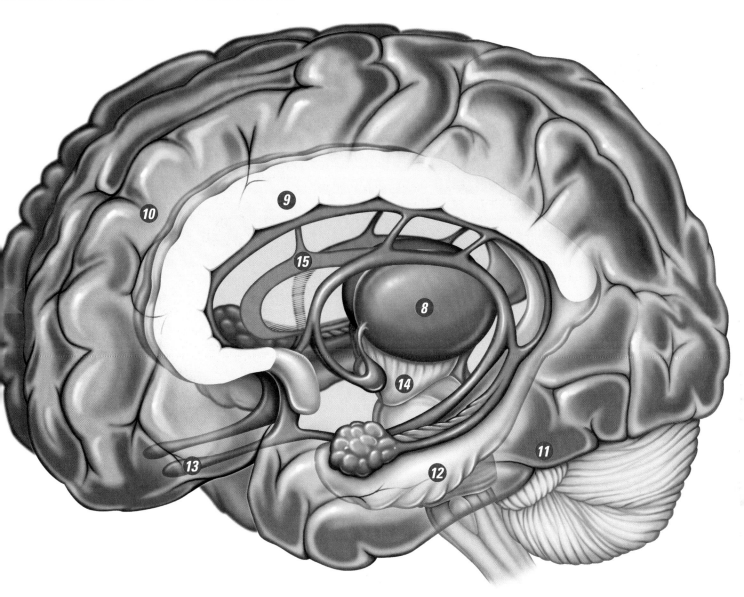

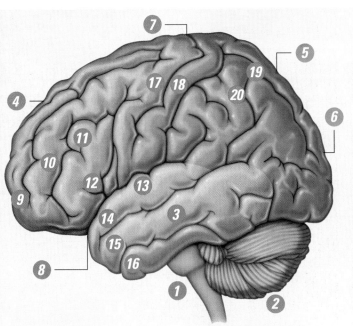

1 Stammhirn	**9** **10** **11** obere, mittlere und untere Stirnwindung
2 Kleinhirn	
3 Schläfenlappen	**12** Broca-Areal
4 Stirnlappen	**13** Wernicke-Areal
5 Scheitellappen	**14** **15** **16** obere, mittlere und untere Schläfen-windung
6 Hinterhauptslappen	
7 Zentralfurche	**17** **18** vordere und hintere Zentralwindung
8 Sylvische Furche	**19** **20** oberes und unteres Scheitelläppchen

BEWUSSTSEIN

Dem Hirn beim Denken zuschauen

Bildgebende Verfahren wie Positronen-Emissions- und funktionelle Kernspintomografie, kombiniert mit geeigneten psychologischen Tests, verschaffen Einblicke in die Prozesse des Denkens, ja sogar des Bewusstseins.

Von Bernard Mazoyer

Stellen Sie sich vor, es gäbe ein Gerät, das in Echtzeit jegliche Aktivitäten des Gehirns misst – ohne dabei in den Körper der untersuchten Person einzugreifen. Auch wenn dieser Gedanke derzeit noch viel von Science-Fiction hat – Neurobiologen verfügen bereits über mehrere Verfahren, die jeweils einen besonderen Aspekt der Architektur oder Funktionsweise unseres Denkorgans bildlich darstellen können. Da sind zum einen die Magnet- und die Elektroencephalografie, MEG und EEG. Sie erfassen die elektromagnetischen Felder im Gefolge der neuralen Aktivitäten des Gehirns (siehe den Beitrag S. 44). Die andere Stütze der Hirnforschung bilden die Positronen-Emissionstomografie (PET) und die Kernspintomografie, auch Magnetresonanztomografie (MRT) genannt. Sie ermöglichen es, insbesondere Veränderungen des lokalen Blutdurchsatzes sichtbar zu machen. Er spiegelt den Stoffwechsel des Gehirns und damit den Energieverbrauch der Neuronen wider. Beide Gruppen ergänzen sich, wobei nur PET und MRT ge-

naue dreidimensionale »Karten« des Organs liefern.

Inzwischen können Neurobiologen im Gehirn nahezu wie in einem offenen Buch lesen. Sie sehen beispielsweise, welche Regionen bei einer bestimmten Aufgabe »anspringen« oder wo das Gewebe krankheits- oder verletzungsbedingt geschädigt ist. Im Endeffekt liefern uns Aufnahmen mit MRT und PET wichtige Hinweise darauf, wie Geist, Denken und Bewusstsein funktionieren.

Schon 1890 folgerten Claude Roy und Charles Scott Sherrington von der Universität Cambridge aus ihren Tierexperimenten, dass die neurale Aktivität den lokalen Blutfluss im Gehirn beeinflusst. Seither hat sich diese Kopplung bestätigt. Bei jedem Denkvorgang – bei-

spielsweise, wenn wir im Geist ein Objekt drehen, etwas ausrechnen oder eine Farbe identifizieren – werden in unserem Gehirn definierte Regionen aktiv. Neuronen »feuern« und tauschen über ihre Kontaktstellen, die so genannten Synapsen, Informationen aus. Diese Vorgänge verbrauchen Energie, für deren Bereitstellung Traubenzucker (Glucose) und Sauerstoff nötig sind. Um den Bedarf zu decken, erweitern sich die feinen Arterien, welche die betreffenden Regionen versorgen. Es galt nur, eine Art Indikator zu finden, mit dessen Hilfe sich der Blutfluss von außen messen ließ.

Ein Molekül eignet sich hierfür besonders gut, denn es ist einfach gebaut und kommt im Körper in großer Menge vor, Blut und Hirngewebe eingeschlossen: Wasser. Um es für die Detektoren des PE-Tomografen außen sichtbar zu machen, setzt man eine radioaktiv markierte Form ein. Diese wird der Versuchsperson in eine Vene injiziert und verteilt sich dann rasch mit dem Blutstrom im Körper.

Die markierten Wassermoleküle enthalten statt Sauerstoff-16 – mit je acht Protonen und Neutronen im Kern – Sauerstoff-15. Dieses Isotop mit seinen nur sieben Neutronen wandelt sich mit einer Halbwertszeit von 123 Sekunden in stabilen Stickstoff um. Da der instabile Sauerstoff nicht natürlich vorkommt, muss er in einem Zyklotron hergestellt werden – durch Beschuss von gasförmigem Stickstoff mit Protonen. Praktisch in Umkehr der Zerfallsreaktion bildet sich Sauerstoff-15. Das Radionuklid

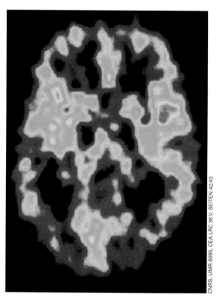

▶ Selbst in Ruhe ist das Gehirn aktiv: Je »wärmer« ein Bereich im farbcodierten PET-Bild erscheint, desto mehr Positronen werden dort vernichtet und desto stärker ist er demnach durchblutet. Diese Aktivität wird oft als Vergleichsbasis für andere Aufgaben gewählt.

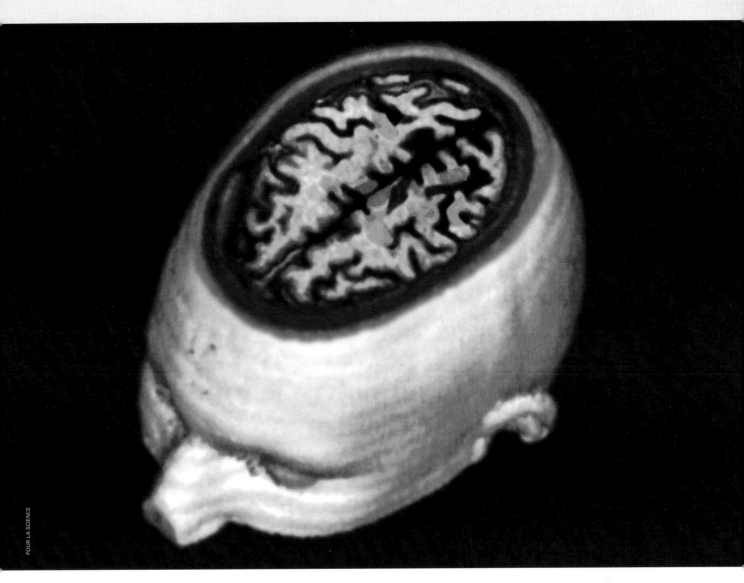

POUR LA SCIENCE

wird dann mit Wasserstoff in eine Reaktionskammer geleitet, wo als Produkt Wasserdampf entsteht; dieser wird sogleich kondensiert, in einem Fläschchen aufgefangen und dann der Versuchsperson gespritzt.

Der Sauerstoff-15 der injizierten Wassermoleküle zerfällt wieder rasch, wobei eines seiner Protonen sich in ein Neutron umwandelt und dabei ein Positron und ein Neutrino abgibt. Das letzte Elementarteilchen hat keine Auswirkung auf das Experiment, da es praktisch nicht mit Materie interagiert. Das Positron ist dagegen das Antiteilchen des Elektrons. Materie und Antimaterie vernichten einander, sobald sie aufeinander treffen. Ein Positron und ein Elektron beispielsweise zerstrahlen zu einem Paar Gammaquanten genau definierter Energie, nämlich 511 Kiloelektronenvolt. Die beiden Quanten fliegen in fast genau entgegengesetzte Richtungen davon, da Impuls und Energie bei der Reaktion

erhalten bleiben müssen. Im Körper rekombiniert ein von Sauerstoff-15 emittiertes Positron nahezu augenblicklich mit einem Elektron in der Nachbarschaft, sodass die Gammaquanten praktisch unmittelbar vom Zerfallsort ausgehen. Je stärker durchblutet, je aktiver eine Hirnregion ist, desto höher die Chancen, dass dort ein Zerfall samt Rekombination stattfindet.

Die hochenergetischen Gammaquanten durchdringen großenteils das Gehirn und den Schädelknochen, sodass man sie außerhalb der Schädelkapsel ausmachen kann. Das Ziel der PET liegt nun darin, jeweils »zusammengehörende« Gammaquanten zu entdecken – solche, die zur gleichen Zeit beim selben Zerfallsereignis emittiert wurden. Als »Kamera« dient eine zylindrische Apparatur, die den Kopf umgibt und an ihrer Innenwand ringförmig mit Gammadetektoren bestückt ist. Sie registriert Gammaquanten der richtigen Energie,

▲ Welche Regionen eine bestimmte Bewegung steuern, zeigt dieser Blick ins Gehirn. Zunächst wurden per Positronen-Emissionstomografie (PET) die aktiven Bereiche ermittelt (in Farbe) und dann einem anatomischen Bild des Gehirns überlagert, das man mit der Kernspintomografie aufgenommen hatte.

die gleichzeitig an zwei verschiedenen Detektoren ankommen. Solche »Koinzidenzen« kommen bei jedem PET-Versuch mehrere Millionen Mal vor, und man kann davon ausgehen, dass sie mit großer Wahrscheinlichkeit jeweils aus der Vernichtung ein und desselben Positrons stammen. Da die Gammaquanten bei einem solchen Ereignis in entgegengesetzte Richtungen auseinander streben, muss ihr Entstehungsort auf der Linie liegen, die beide Detektoren verbindet. Allerdings können andere Arten von Er- ▷

Koinzidenzdetektion bei der PET

Bei der PET bekommt die Versuchsperson ein radioaktives Isotop oder ein damit markiertes Molekül injiziert, das bei jedem Zerfallsereignis (rote Punkte) auch ein Positron abgibt. Sobald dieses Antiteilchen mit einem Elektron der Nachbarschaft rekombiniert, werden zwei Gammaquanten erzeugt, die in entgegengesetzten Richtungen auseinander fliegen. Wenn zwei Detektoren eines Rings zur selben Zeit ein Gammaquant erfassen, dürfte es aus einem Zerfall stammen, der auf der Verbindungslinie der beiden stattgefunden hat. Für eine Aufnahme werden Tausende von Gammaquanten detektiert.

Die zugehörigen Daten müssen mathematisch aufbereitet werden, um aus den zahlreichen Emissionsgeraden genau die Punkte zu errechnen, an denen ein radioaktives Atom zerfallen ist. Dieser Rechenschritt berücksichtigt, dass bestimmte Ereignisse die Analyse verfälschen (untere Grafik): Ablenkung von Gammaquanten (orange gestrichelte Linie), ihre Absorption (blaue gestrichelte Linie), simultane Detektion von drei oder mehr Teilchen (grüne gestrichelte Linien). Diese Fälle vermitteln den Eindruck, dass die Desintegration auf ganz anderen Geraden stattgefunden hat (schwarze und grüne durchgehende Linien).

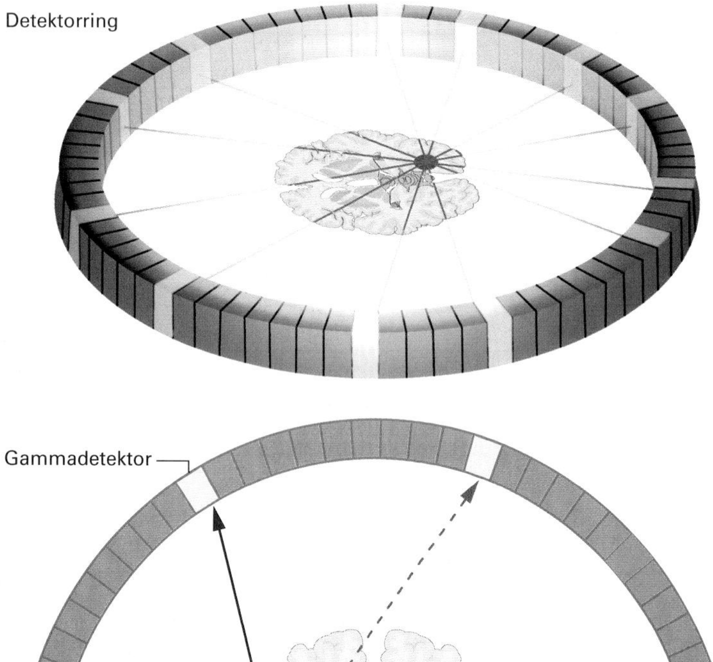

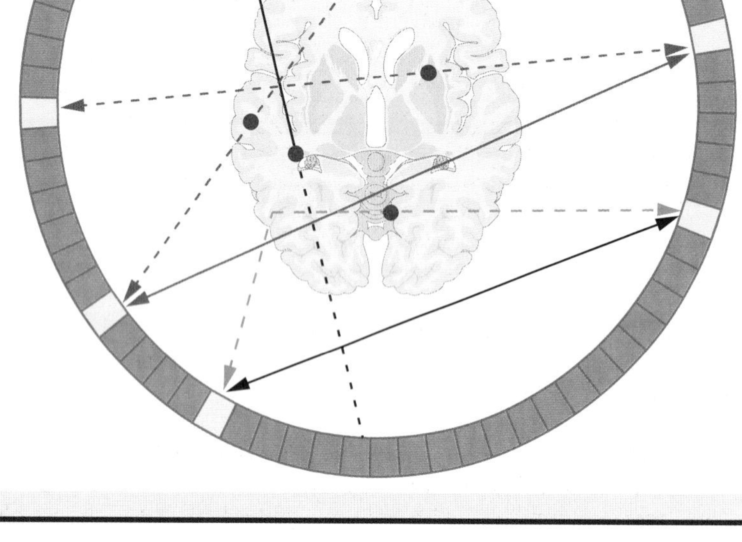

eignissen zwei koinzidierende Quanten auf einer anderen Linie vortäuschen, etwa wenn ein Partner eines »echten« Paares abgelenkt oder vom Gewebe absorbiert wurde (siehe Abbildung links). Verschiedene Verfahren helfen, derartige Ereignisse von echten Koinzidenzen unterscheiden.

Um ein Aktivitätsbild zu erstellen, muss man überdies herausfinden, an welchem Punkt ihrer Koinzidenzgeraden jede der zahlreichen Paarvernichtungen stattgefunden hat. Die Lösung dieses Problems – also die Anzahl von Ereignissen an jedem Punkt aller Geraden zwischen ansprechenden Detektorpaaren – erhält man mit Hilfe der so genannten inversen Radon-Transformation. Wie immer man dabei vorgeht – am Ende liefert die mathematische Analyse eine Abfolge von Schnittbildern des Gehirns, die Punkt für Punkt die Konzentration an Sauerstoff-15 repräsentieren und damit die lokale Blutzufuhr widerspiegeln.

3-D-Schnappschüsse des arbeitenden Gehirns

Eine solche Karte der Durchblutung lässt sich nun für viele verschiedene kognitive Aufgaben erstellen. Da die PET nicht durch externe Magnetfelder gestört wird, können Experimentalpsychologen mit ihrem gesamten Instrumentarium arbeiten, beispielsweise mit Geräten zur visuellen oder akustischen Stimulation, mit Videorekordern, Mikrofonen und Computern. Auch dass das Gerät geräuschlos arbeitet und dass man die »Positronenkamera« in einem völlig abgedunkelten Raum installieren kann, erleichtert die Experimente.

Einerseits profitieren die Experimentatoren von der kurzen Halbwertszeit der Sauerstoff-Positronenquelle, die bei nur 123 Sekunden liegt. Sie müssen ihre Versuchspersonen lediglich geringer Strahlung aussetzen und können ein Experiment mit demselben Probanden mehrmals hintereinander durchführen, da die Radioaktivität jedes Mal schnell wieder abklingt. Andererseits bedeutet die kurze Lebensdauer von Sauerstoff-15 auch eine Einschränkung: Da er in acht bis zehn Minuten praktisch vollständig zerfallen ist, muss das radioaktive Wasser in den Minuten vor der Injektion hergestellt und schon alsbald auch neuerlich injiziert werden.

Der erste Prototyp einer PET-Kamera stand in den 1970er Jahren im Brook-

Detektorring

Gammadetektor

haven-Nationallabor in Upton (Bundesstaat New York), entwickelt von Gordon Brownell. Im Jahrzehnt darauf avancierte die PET zu einer der wichtigsten Methoden, um die kognitiven Funktionen unseres Gehirns zu erforschen. Zu verdanken war das nicht zuletzt einem Schnellverfahren, das die Gruppe um Marcus Raichle an der Washington-Universität in Saint-Louis (Missouri) 1983 einführte. Damit ließ sich eine »Hirnkarte« innerhalb von etwa zwei Minuten erstellen.

Um herauszufinden, welche Regionen an einer bestimmten Aufgabe beteiligt sind, vergleichen die Forscher die Durchblutung des Gehirns während dieser Aufgabe mit der Situation während einer Referenzaufgabe, die in den Minuten zuvor bei derselben Versuchsperson aufgezeichnet wird. Das Verfahren erreicht dabei eine räumliche Auflösung von etwa acht Millimetern und »kartiert« die Durchblutung im gesamten Gehirn, liefert also eine echte 3-D-Verteilung. Dafür lässt jedoch die zeitliche Auflösung zu wünschen übrig. Aus diesem Grund wird die PET bei der Erforschung kognitiver Funktionen immer weniger eingesetzt – gerade auch, weil das konkurrierende Verfahren, die funktionelle MRT, die Vorgänge im Gehirn zeitlich und räumlich genauer wiedergibt und überdies keine Injektion einer radioaktiven Substanz erfordert.

Indes bleibt die PET die einzige Methode, mit der sich die Beziehung zwischen kognitiven Prozessen und der so genannten Neurotransmission experimentell angehen lässt. Wenn Nervenzellen miteinander kommunizieren, setzen sie an den Synapsen Überträgerstoffe frei. Diese Neurotransmitter diffundieren durch den synaptischen Spalt und heften sich auf der Zielzelle an Rezeptoren genannte Antennenmoleküle, die auf die Erkennung des Botenstoffs spezialisiert sind. Dessen Menge ist extrem gering. Um ein bestimmtes Transmittersystem – also alle Zellen und Synapsen, die sich des betreffenden Botenstoffs bedienen – per PET zu untersuchen, benötigt man ein radioaktiv markiertes Molekül, das sich wie der entsprechende Transmitter an die Rezeptoren der Nervenzellen anlagert. Gewöhnlich ist es mit ihm verwandt, teils sogar praktisch identisch. Im

Per Kernspintomografie erstelltes anatomisches Schnittbild des Gehirns: Man erkennt hier die graue und weiße Substanz sowie die Hirn-Rückenmark-Flüssigkeit (in Schwarz), die das Gehirn umspült.

letzten Fall baut man dem Neurotransmitter selbst Kohlenstoff-11 ein: ein instabiles Isotop des natürlichen Kohlenstoff-12 und ein »Positronenstrahler«. Seine Halbwertszeit liegt bei zwanzig Minuten, sodass nach der Injektion etwa vierzig Minuten Zeit bleiben, um Bilder aufzunehmen.

Verdrängungskämpfe
Mit dieser Technik hat man ermittelt, wie die Rezeptoren für bestimmte Transmitter im Gehirn verteilt sind. Außer dieser anatomischen ließ sich jedoch auch eine funktionelle Frage untersuchen, und zwar, an welchen Stellen die Überträgersubstanzen während einer gegebenen Aufgabe ausgeschüttet werden. Die zelleigenen freigesetzten Transmitter konkurrieren nämlich mit den injizierten Molekülen um die Bindungsplätze an den Zielrezeptoren und verdrängen einige der radioaktiven Gegenspieler. Entsprechend nimmt deren gebundene Menge dort gegenüber dem Ruhezustand ab. Ein Differenzbild der Situation vor und während der betreffenden Aufgabe zeigt daher, an welchen Stellen

Neurotransmitter ausgeschüttet worden sind – nämlich dort, wo die Dichte der Strahlungsquellen zurückgegangen ist.

Leider hat dieser Ansatz eine Reihe von Nachteilen. Einerseits bedeutet die lange Halbwertszeit von Kohlenstoff-11, dass die Aufnahme eines einzigen Bildes zwanzig bis vierzig Minuten beansprucht. Dies schränkt die Arten von Aufgaben ein, die man untersuchen kann. Beispiele für geeignete Tätigkeiten sind Lesen und Reden. Wegen der maximal zulässigen Strahlungsdosen darf auch kein Proband insgesamt an mehr als zwei Durchgängen des Experiments teilnehmen. Schließlich beeinflusst die jeweilige Aufgabe auch noch die lokale Blutzufuhr im Gehirn, sodass einzelne Regionen verstärkt mit markierten Transmittern versorgt werden.

Damit sich der Verlauf der synaptischen Aktivität aus der Konzentration der an Rezeptoren gebundenen Markermoleküle zuverlässig bestimmen lässt, müssen die Forscher einen weiteren Versuchsdurchgang vorschalten, der zunächst die Veränderungen in der Durchblutung kartografiert. Dies vervielfacht die Zahl der nötigen Aufnahmen und zwingt die Experimentatoren, die Strahlendosen bei jedem Durchgang zu reduzieren, wodurch die Bilder wiederum an statistischer Aussagekraft verlieren.

Doch ob man mit der PET nun die Durchblutung des Gehirns misst oder Transmittersysteme erforscht: Das Verfahren bleibt in seiner räumlichen Auflösung beschränkt. Es lassen sich bestenfalls Details in einer Größe von etwa einem Zentimeter sichtbar machen, und die Bilder werden von einem statistischen Rauschen überdeckt, das ihrer Qualität abträglich ist. Was den jeweiligen radioaktiven Marker angeht, so ist dieser zwar in den verwendeten Dosen unschädlich, aber sein Einsatz macht bestimmte Arten von Experimenten unmöglich. Nicht zuletzt aus diesen Gründen hat sich während der 1990er Jahre in den neurobiologischen Labors zur Erforschung kognitiver Funktionen sehr rasch ein neues Verfahren durchgesetzt: die funktionelle Magnetresonanztomografie, kurz fMRT. Hiermit lassen sich innerhalb weniger Sekunden Bilder des Gehirns erstellen, die drei bis vier Millimeter große Strukturen zeigen, ohne ▷

Tanz der Kernspins

Um Bilder von lebendem Gewebe zu erstellen, misst die MRT, wie sich die Kernspins (kleine Pfeile) von Wasserstoffkernen (rot) in Magnetfeldern verhalten. Vereinfacht geschieht Folgendes. Normalerweise sind die Kernspins und damit deren magnetisches Moment in biologischen Geweben beliebig ausgerichtet *(a)*. Legt man jedoch ein starkes Magnetfeld B_0 an, richten sie sich längs der Feldlinien aus *(b)*. Wenn man nun senkrecht dazu kurzfristig ein geeignetes magnetisches Wechselfeld B_1 zuschaltet, werden die »kreiselnden« Kernspins zuerst stark ausgelenkt *(c)* und kehren dann innerhalb einer gewissen Zeit wieder in die Ausgangslage zurück *(d)*. Währenddessen strahlen sie eine elektromagnetische Welle ab, deren Amplitude mit der Rückkehr in den Ausgangszustand abnimmt.

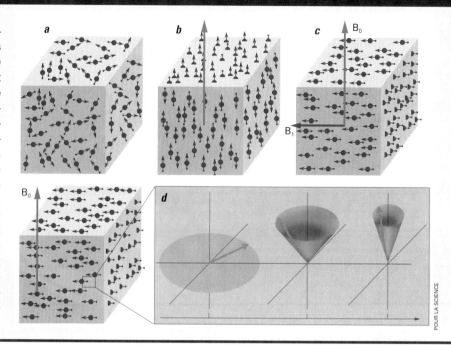

POUR LA SCIENCE

▷ dass dazu eine radioaktive Substanz injiziert werden muss.

Die frühen – nicht-funktionellen – Varianten der MRT lieferten ausschließlich anatomische Details. Die Grundlage schuf Paul Lauterbur Anfang der 1970er Jahre an der New-York-Universität in Stony Brook. Die MRT macht sich einen der elementaren Hauptbestandteile des menschlichen Körpers zu Nutze: Wasserstoff. Sein Kern besteht lediglich aus einem Proton. Wie andere wichtige Materieteilchen haben Protonen wegen ihrer »Eigendrehung«, dem so genannten Spin, ein magnetisches Moment und verhalten sich daher wie kleine Stabmagnete. Der Kernspin lässt sich bildlich als Pfeil angeben, der das kugelig dargestellte Proton längs seiner »Rotationsachse« durchbohrt.

Normalerweise sind die Spins der Wasserstoffkerne im Gewebe wahllos ausgerichtet, sodass die Summe der magnetischen Momente außen null ergibt. Es liegt keine »Magnetisierung« vor. In einem starken äußeren Magnetfeld richten sich die Kernspins jedoch längs der Feldlinien aus, wobei sie dann eigentlich nicht starr verharren, sondern um die Richtung des äußeren Grundfeldes leicht »kreiseln« – sie präzessieren. Makroskopisch misst man ein magnetisches Moment in Längsrichtung. Es ist, als hätte man das biologische Objekt magnetisiert.

Im Prinzip misst man bei der MRT die Magnetisierung eines jeden Volumenelements im Gewebe. Da diese proportional zur Dichte der Wasserstoffkerne ist und da sich Körpergewebe in ihrem Wassergehalt unterscheiden, spiegelt die ermittelte »Magnetisierungskarte« die Anatomie wider. Im Prinzip einfach, ist die MRT jedoch relativ schwierig in die Praxis umzusetzen.

Der Trick mit dem zusätzlichen Magnetfeld

In einem äußeren statischen Magnetfeld, fachlich mit B_0 bezeichnet, ist das resultierende magnetische Moment – die Summe der einzelnen magnetischen Momente – in jedem Gewebe längs ausgerichtet, aber der Betrag der Magnetisierung ist sehr gering. Das erzeugte Magnetfeld lässt sich daher unmöglich von dem starken anliegenden Feld unterscheiden. Um die Magnetisierung des Gewebes dennoch messen zu können, bedient man sich eines Tricks: Ein weiteres Magnetfeld, B_1 genannt, wird kurzfristig eingeschaltet, das zum Grundfeld senkrecht steht und mit derselben Frequenz um dessen Achse rotiert wie vorher die einzelnen präzessierenden Kernspins. Dieses wird im Allgemeinen so lange eingeschaltet, bis ein Auslenkwinkel von 90 Grad erreicht ist (siehe Abbildung *d* auf dieser Seite oben). Die Präzessionsgeschwindigkeit, die so ge-

nannte Lamorfrequenz, ist dem Betrag von B_0 proportional, wobei die Proportionalitätskonstante von der Art des rotierenden Teilchens abhängt.

Durch das passende magnetische Wechselfeld tritt eine Art Resonanzphänomen auf, analog dem Anschieben einer Schaukel: Um ihr Schwung zu geben, muss man die Kraft in Phase mit der Bewegung ausüben. Wird es nach Erreichen der »Phasenkohärenz« der Kernspins abgeschaltet, richtet sich deren magnetisches Moment nicht schlagartig, sondern allmählich wieder parallel zum statischen Grundfeld aus. Dieser Rückkehrprozess wird durch zwei Zeitkonstanten beschrieben: die longitudinale Relaxationszeit T_1 und die transversale Relaxationszeit T_2. Die erste beschreibt, wie schnell die zum Grundfeld parallele magnetische Komponente jedes Spins ihren alten Wert erreicht, und die zweite, wie rasch die Phasenkohärenz sich wieder auflöst, wodurch das zum Grundfeld senkrechte Element des globalen magnetischen Moments verschwindet.

Die Werte von T_1 und T_2 variieren je nach Art des Gewebes. So liegt die erste Relaxationszeit in der grauen Substanz, also vor allem in der Hirnrinde mit ihren vielen Zellkörpern, bei einer Sekunde – und damit zehnmal höher als die zweite. Im Blut dagegen beträgt sie mit 1,2 Sekunden das Fünffache der zweiten Relaxationszeit. Stets ist T_2 kürzer als T_1,

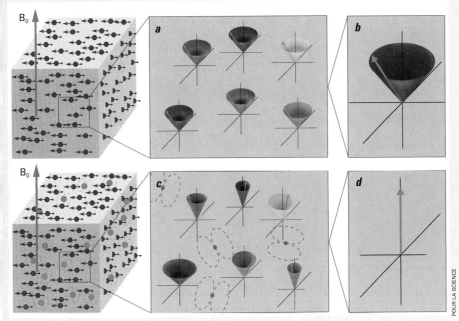

In einem homogenen Magnetfeld (a) präzessieren während der Relaxationsphase – das heißt nach dem Abschalten des rotierenden magnetischen Wechselfeldes B_1 – alle Kernspins mit der gleichen Geschwindigkeit. Das globale magnetische Moment, das aus der Summe der Kernspins resultiert, beschreibt selbst einen Kegel (b). Wird das Magnetfeld jedoch durch kleine magnetische Störeinflüsse (violette Kugeln), wie sie im Gewebe vorkommen, lokal verändert, »kreiseln« die Kernspins je nach Einfluss dieser Faktoren mit unterschiedlichen Geschwindigkeiten. Sie geraten aus dem Gleichtakt, außer Phase (c). Das global resultierende magnetische Moment richtet sich rasch wieder parallel zu B_0 aus (d). Entsprechend nimmt die Amplitude der ausgesandten elektromagnetischen Welle schneller ab.

weil Gewebe eine magnetisch heterogene Umgebung darstellt, in der jeder Wasserstoffkern das Grundfeld immer ein wenig unterschiedlich »sieht«. Dadurch »kreiseln« die Kerne nach dem Abschalten des Querfeldes mit unterschiedlichen Geschwindigkeiten, geraten schnell außer Phase. Konsequenz: Die Summe der zum Grundfeld senkrechten Komponenten geht in einem Volumenelement schnell auf Null zurück, während die Spins noch immer geneigt sind (siehe Abbildung oben).

Je nachdem, welche Art von Relaxationszeit man misst, erscheint ein anderes Gewebe im Vordergrund. Eine Aufnahme der longitudinalen Relaxationszeit in den verschiedenen Hirnregionen – man spricht von einem »T_1-gewichteten Bild« – wird daher ganz anders aussehen als eine der transversalen Zeit, also das T_2-gewichtete Bild. Die Wahl hängt davon ab, was man herausfinden will. Soll das Bild beispielsweise die Grenze zwischen dem Cortex und der weißen Substanz zeigen, wird man vorzugsweise eine Karte der longitudinalen Relaxationszeiten erstellen. Hier fällt nämlich der Kontrast zwischen den beiden Gewebetypen stärker aus (siehe Foto S. 57).

Messen lassen sich beide Zeiten anhand der Veränderung der Welle, die von den »kreiselnden« Spins abgestrahlt wird, die in ihre Ausgangslage zurückkehren. Jedes sich bewegende magnetische Moment sendet eine elektromagnetische Welle aus, und im Fall der MRT liegt diese im Bereich der Radiofrequenzen. Erfasst wird das Signal durch eine Spule um die zu untersuchende Person; es induziert in dieser Spule einen Wechselstrom. Dessen Amplitude nimmt mit einer Zeitkonstante gleich T_2 ab, die man messen kann. Durch richtige Wahl spezifischer Sequenzen des zweiten Magnetfeldes lassen sich T_1 und T_2 ableiten.

Um die Relaxationszeiten für alle Volumenelemente eines Gewebes zu erhalten, muss man das beschriebene Verfahren entweder Punkt für Punkt wiederholen oder dafür sorgen, dass jede Stelle eine andere Wellenlänge abstrahlt. Meist wählt man die zweite Lösung. Hierbei kommt kein homogenes Grundfeld zum Einsatz, sondern eine Variante, die längs der drei Raumrichtungen stärker wird. Auf diese Weise »kreiseln« die Spins jedes Bereichs nach dem Auslenken verschieden schnell und emittieren Wellen je einer anderen Frequenz. Sie induzieren in der Messspule statt eines Wechselstroms einheitlicher Frequenz daher eine Vielzahl einander überlagernder Wechselströme. Aus diesem Mischsignal lassen sich mit Hilfe der so genannten Fourier-Analyse die einzelnen Signalfrequenzen errechnen und dann die Relaxationszeiten

für sämtliche einzelnen Bereiche des Gewebes.

Die Prozedur liefert schließlich hochwertige anatomische Darstellungen. T_1-gewichtete Bilder zeigen noch Details von unter einem Millimeter Größe, aber es dauert mehrere Minuten, sie aufzunehmen. T_2-gewichtete Bilder dagegen sind weniger genau – ihre Auflösung liegt bei einigen Millimetern –, aber der Messvorgang benötigt weniger Zeit. Seit das Verfahren in den 1980er Jahren entwickelt wurde, hat es sich in den Krankenhäusern zur Methode der Wahl entwi

Die Magnetresonanztomografie nutzt ein Hauptelement des menschlichen Körpers: Wasserstoff

ckelt, um Tumoren präzise zu lokalisieren oder beispielsweise nach einem Schlaganfall den Umfang eines Hirnschadens zu ermitteln.

1991 avancierte die MRT dann auch zu einer »funktionellen« Methode, die dynamische Prozesse erfassen kann. Damals veröffentlichten John Belliveau und seine Kollegen vom Allgemeinkrankenhaus in Boston (Massachusets) eine MRT-Untersuchung am Sehsystem. Die Biologen hatten ihren Versuchspersonen ähnlich wie bei der Positronen-Emissionstomografie ein »Kontrastmittel« injiziert, und zwar paramagnetische Gadoliniumverbindungen. Dieses verteilte ▷

▷ sich über das Blut und veränderte lokal die magnetischen Eigenschaften des Gewebes. So konnten – ähnlich wie mit Positronenstrahlern – Blutfluss und damit aktive Hirnregionen sichtbar gemacht werden.

Bereits im darauf folgenden Jahr präsentierte dasselbe Team mit Ken Kwong eine Studie auf Basis der funktionellen MRT in ihrer aktuellen Form. Die Forscher verzichteten auf die Injektion eines Kontrastmittels und registrierten stattdessen in Echtzeit die lokalen Schwankungen des Sauerstoffgehalts im Blut. Sie machten sich hierbei die magnetischen Eigenschaften des Blutfarbstoffs Hämo-

reich des Kreislaufs. T_2 steigt dort an und erreicht nahezu denselben Wert wie im arteriellen Blut.

Wenn Forscher nun per MRT einen kognitiven Vorgang abbilden, tun sie nichts anderes, als an jedem Punkt des Gehirns die Unterschiede von T_2 zu kartieren, die zwischen dem Ausführen einer entsprechenden Aufgabe und einer Kontrollsituation bei einer Versuchsperson auftreten. Gegenüber der PET ist die fMRT eine »Echtzeit-Technik«: Sie kann die Reaktion der Hirngefäße auf neuronale Ereignisse, die innerhalb von ein bis zwei Sekunden erfolgt, gerade noch erfassen. Ihre räumliche Auflösung liegt in der Größenordnung von einigen Millimetern, bei einigen Anwendungen sogar unter einem Milli-

Regionen zu lokalisieren, die bei einem Eingriff am Gehirn auf jeden Fall zu schonen sind. Beispielsweise liegen die Sprachzentren nicht immer in der gleichen Hirnhälfte, und es empfiehlt sich, dies vor einer Operation zu überprüfen.

Doch auch die funktionelle Magnetresonanztomografie unterliegt technischen Einschränkungen. Das starke Magnetfeld, ohne das die Methode nicht funktioniert, erfordert unter anderem eine strenge Auswahl der Probanden. Vor allem dürfen die Versuchspersonen keine ferromagnetischen Objekte am oder im Körper tragen, etwa metallische Gelenkprothesen, Herzschrittmacher oder Zahnprothesen. Ferner muss die gesamte experimentelle Ausstattung in der Nähe der Versuchsperson diamagnetisch sein, damit das Magnetfeld nicht verzerrt wird. Im Gegensatz zur PET braucht man daher zum Beispiel Spiegel oder Lichtleiter, um visuelle Reize zu applizieren. Ein Bildschirm ist nicht möglich. Akustische Stimuli werden über Pneumatikschläuche – nicht direkt per Lautsprecher – zum Probanden geleitet.

Das Bewusstsein scheint nichts anderes als eine besondere Form der Hirnaktivität zu sein

globin zu Nutze, der in unserem Körper den Sauerstofftransport übernimmt. Wenn dieses Molekül in den roten Blutkörperchen keinen Sauerstoff gebunden hat – man spricht dann von Desoxyhämoglobin –, ist es paramagnetisch. Das bedeutet, dass sich sein magnetisches Moment gemäß einem äußeren Feld ausrichtet und zu diesem proportional ist. In der vollständig oxygenierten Form dagegen ist das Hämoglobin diamagnetisch. Sein magnetisches Moment stellt sich gegen die Richtung des Fremdfeldes ein. Bei der MRT verhält sich der sauerstofflose Blutfarbstoff als magnetischer Störeinfluss und trägt dazu bei, dass die Kernspins außer Phase geraten. So verkürzt sich die Relaxationszeit der transversalen Komponente des globalen magnetischen Moments, und der T_2-Wert im venösen, sauerstoffarmen Blut sinkt gegenüber dem in den Arterien.

Erinnern wir uns: Wenn eine Hirnregion aktiv wird, steigt ihr Energiebedarf. Daher erweitern sich die kleinen Arterien, um mehr Blut und damit mehr Sauerstoff zuzuführen. Interessanterweise übersteigt die Zufuhr weit den tatsächlichen Bedarf, beispielsweise bei der Reaktion auf einen Sehreiz: Wie Raichle und seine Kollegen nachgewiesen haben, bekommen hier die entsprechenden Hirnregionen zehnmal mehr Sauerstoff als nötig angeboten. Unter dem Strich führt daher die Aktivierung des Gehirns – trotz höheren Verbrauchs – zu einer Anreicherung von Sauerstoff in den beteiligten Arealen, und dies verringert die störenden Einflüsse von Desoxyhämoglobin im venösen Be-

meter. Ferner hat die Methode den Vorteil, dass sie ohne die Injektion von körperfremden Substanzen auskommt. So lassen sich Untersuchungen problemlos mehrfach durchführen.

Wegen ihrer medizinischen Unbedenklichkeit und ihres guten zeitlichräumlichen Auflösungsvermögens lässt die funktionelle MRT viele verschiedene Versuchsschemata zu. Eine ganze Reihe von Gebieten hat hiervon bereits profitiert, insbesondere die Erforschung des Sehsystems und der Motorik der Augen sowie des Arbeitsgedächtnisses. Letzteres ist abstrakt ausgedrückt ein Raum im Gehirn, in dem ankommende Informationen kurzfristig vorgehalten und mit anderen abgeglichen werden, bevor sie zu spezialisierten Zentren geschickt oder aber eliminiert werden. Heute untersucht man mit der fMRT alle Regionen der Hirnrinde und die darunter liegenden Strukturen, ebenso alle kognitiven Funktionen.

Eingezwängt in eine lärmende Röhre

Auch bei der Erforschung der so genannten Plastizität des Gehirns spielt sie eine wichtige Rolle, denn mit anderen bildgebenden Verfahren lassen sich neuronale Veränderungen beim Lernen oder bei der Erholung von einem Hirnschaden zeitlich nicht genau genug untersuchen. Die fMRT erlaubt eben nicht nur das Vorher und Nachher zu betrachten, sondern auch die Veränderungsprozesse selbst. Neurochirurgen schließlich nutzen die Technik, um ganz präzise jene

Zudem ist der Tunnel des MRT-Geräts für Menschen mit Klaustrophobie oft zu eng. Selbst wenn jemand nicht daran leidet – der Eindruck des Eingeschlossenseins stellt bereits eine störende psychische Begleiterscheinung des Experiments dar. Überdies erzeugt das MRT-Gerät beträchtlichen Lärm, der die Experimente manchmal stört.

Neurobiologen haben MRT und PET in den vergangenen Jahren auch dazu eingesetzt, um das Bewusstsein zu erforschen, sowohl während des Träumens als auch im Wachzustand. Pierre Maquet und sein Team von der Freien Universität Brüssel (Belgien) waren die Ersten, die per PET bei gesunden Personen die verschiedenen Stufen des Wachseins, der Vigilanz, untersuchten. Die Brüsseler Gruppe wies nach, dass während des Tiefschlafs der Blutfluss auf verschiedenen Ebenen zurückgeht, vor allem in der Brücke im Stammhirn sowie im Mittelhirn und im Thalamus, der im Zwischenhirn liegt. Das bedeutet, dass diese Regionen ihre Aktivität teilweise einstellen. Während des REM- oder Traumschlafs dagegen springen manche davon wieder an, dazu noch einige weitere Strukturen. Schädigungen in diesen Regionen sind an Störungen der Vigilanz und des Bewusstseins beteiligt.

In der Arbeitsgruppe für neurofunktionelle Bildgebung an der Universität

von vorn

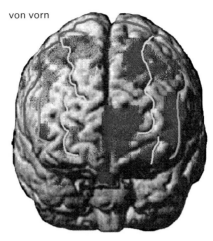

von hinten

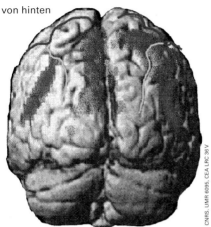

CNRS, UMR 6095, CEA LRC 36 V

Im »bewussten Ruhezustand«, also selbst wenn wir gezielt überhaupt nichts tun und die Gedanken schweifen lassen, sind die rot gekennzeichneten Regionen aktiv. Die entsprechenden Areale wurden mit Hilfe der PET identifiziert und dann einer kernspintomografisch erstellten 3-D-Ansicht des Gehirns überlagert.

Caen versuchen wir, diejenigen Bereiche des Gehirns zu identifizieren, die mit Bewusstsein zu tun haben. Hierbei stoßen wir immer wieder auf eine fundamentale Frage: Was ist unter dem Bewusstseinszustand »Ruhe« zu verstehen? Die meisten PET- und MRT-Experimente nutzen dieses »bewusste Nichtstun« und die dabei ablaufenden Prozesse als Vergleichssituation, und jedes Mehr an Hirnaktivität wird dann der jeweils untersuchten Aufgabe zugerechnet.

Aber wie soll man den bewussten Ruhezustand selbst untersuchen, wenn nicht durch Vergleich mit einem weiteren Zustand? Eine einzige Referenzsituation genügt dazu jedoch nicht. Der Grund: Jede synaptische Aktivität, die sich als Unterschied in den Differenzbildern äußert, lässt sich einem Prozess zuschreiben, der die neuronale Aktivität entweder im Ruhezustand verstärkt oder im Vergleichszustand abschwächt.

Bewusstes Nichtstun

Wir setzten daher mehrere Referenzaufgaben ein, die sich in ihrem kognitiven Inhalt möglichst stark voneinander unterschieden. Die Logik dieser Vorgehensweise: Je mehr unterschiedliche Aufgaben man zur Verfügung hat, desto geringer ist die Wahrscheinlichkeit, dass sie denselben Effekt auf die Aktivierung einer Hirnregion zeigen.

Da man bei einer PET nur eine begrenzte Anzahl von Aufgaben mit derselben Versuchsperson durchführen kann, erfordert eine solche Studie auf jeden Fall verschiedene Probandengruppen. Jede von ihnen bekommt zusätzlich zur Aufgabe »Ruhe« eine eigene Vergleichsaufgabe. In diesem Fall bemühten wir 63 junge Männer. Es handelt sich bei allen um Rechtshänder mit

der Muttersprache Französisch, die drei bis fünf Jahre höhere Bildung genossen hatten. Sie nahmen an insgesamt neun verschiedenen Experimenten teil, bei denen ganz unterschiedliche visuelle und akustische Reize eingesetzt wurden, beispielsweise Lichtflecken und Muster respektive Wörter, Sätze und Geschichten. Auf die Stimuli mussten sie in verschiedenartiger Weise reagieren. Vor der Aufzeichnung des Ruhezustands erschien immer der Hinweis: »Bei der folgenden Messung soll der Ruhezustand gemessen werden. Sie haben keine besondere Aufgabe. Entspannen Sie sich, versuchen Sie, sich nicht zu bewegen, und halten Sie die Augen geschlossen. Lassen Sie Ihre Gedanken frei ziehen und vermeiden Sie systematische Tätigkeiten wie Zählen oder das Nachdenken über die vorherigen Aufgaben.«

Die Bilder wurden mit der PET aufgenommen und dann zuvor erstellten anatomischen MRT-Bildern überlagert. Das wichtigste Ergebnis der Studie: Im bewussten Ruhezustand ist vor allem ein Verband von Regionen in der linken Hemisphäre aktiv, hinzu kommen zwei kleinere Areale in der rechten Hirnhälfte (siehe Abbildung oben). Verschiedene Versuche weisen darauf hin, dass all diese Hirngebiete tatsächlich an aktiven Prozessen beteiligt sind, die dem bewussten Denken unterliegen. Interessanterweise sind die Areale aus entwicklungsgeschichtlicher Sicht jung. Diese Entdeckung untermauert die Hypothese, dass das bewusste Denken im Tierreich erst sehr spät entstanden ist und wahrscheinlich nur beim Menschen und dessen nächsten Verwandten vorkommt.

Unsere Ergebnisse – die ersten, die von gesunden Menschen stammten – bekräftigen die materialistischen Theo-

rien des Geistes. Das Bewusstsein scheint nichts anderes als eine besondere Form der Hirnaktivität zu sein. Das widerspricht dem cartesianischen Denken, nach dem diese geistige Funktion von jeder stofflichen Grundlage unabhängig ist.

Da man jetzt weiß, dass sich das Denken quantitativ erforschen lässt, werden Psychologen, Linguisten, Verhaltensforscher und natürlich Neurobiologen dies auch immer häufiger tun. Mittelfristig ist vor allem ein Erkenntnisschub davon zu erwarten, dass man die gleiche Hirnfunktion kombiniert untersucht: mit MRT und PET einerseits und den beiden elektromagnetischen Verfahren EEG und MEG andererseits. Letztlich wird wahrscheinlich aus der Gesamtheit der Informationen, die auf den verschiedenen Organisationsniveaus des Gehirns gesammelt werden, eine biologische Theorie des Denkens hervorgehen.

Die Neurobiologen, die sich der Erforschung der materiellen Grundlage des Denkens verschrieben haben, handeln ganz nach einem Satz des englischen Philosophen Bertrand Russel: »Zweifellos widerspricht es der Vernunft, das Unmögliche zu versuchen. Das Mögliche anzugehen, das den Anschein des Unmöglichen erweckt, zeugt dagegen von äußerster Klugheit.« ◁

Bernard Mazoyer leitet die Gruppe für neurofunktionelle Bildgebung der Universitäten Caen und Paris V.

Bildliches Erfassen von kognitiven Prozessen. Von Marcus E. Raichle in: Spektrum der Wissenschaft, Juni 1994, S. 56

Cartographie du cerveau et de la pensée. Von B. Mazoyer et al. in: Le cerveau, le language, le sens. Odile Jabob, 2002

Cortical networks for working memory and executive functions sustain the conscious resting state in man. Von B. Mazoyer et al. in: Brain Research Bulletin, Bd. 54, S. 287, 2001

AUTOR UND LITERATURHINWEISE

BEWUSSTSEIN

Mit den Ohren sehen

Manche Menschen sehen unwillkürlich Farben, wenn sie bestimmte Worte hören. Inzwischen kennt man die biologischen Grundlagen dieser erstaunlichen Gabe: Normalerweise getrennt verlaufende sensorische Bahnen sind miteinander verschaltet.

A schwarz E weiß I rot U grün O blau – vokale
Einst werd ich euren dunklen ursprung offenbaren:
A: schwarzer samtiger panzer dichter mückenscharen
Die über grausem stanke schwirren · schattentale.
E: helligkeit von dämpfen und gespannten leinen ·
Speer stolzer gletscher · blanker fürsten · wehn von dolden.
I: purpurn ausgespienes blut gelach der Holden
Im zorn und in der trunkenheit der peinen ...

Les voyelles (Die Vokale), von Arthur Rimbaud
Übertragung von Stefan George

Von Jeffrey Gray

In seinem Gedicht beschwört Arthur Rimbaud (1854–1891) ein Phänomen, das die Literaten seiner Zeit liebten: die Synästhesie. Der Begriff stammt aus dem Griechischen und bedeutet »gleichzeitiges Empfinden«, gebildet aus *syn* und *aisthesis*. Bei Menschen mit diesem besonderen Talent ruft eine sensorische Stimulation nicht nur in »ihrem« Sinneskanal einen Eindruck hervor, sondern systematisch auch immer in einem zweiten.

Dabei sind bei jedem Synästhetiker verschiedene Sinne beteiligt. In einem Fall lassen beispielsweise Klänge oder Wörter farbige visuelle Empfindungen entstehen, in einem anderen hat ein Geschmack eine »Form« oder eine Farbe einen charakteristischen »Geruch«. Auch Schmerzen oder ein Orgasmus können dazu führen, dass ein Synästhetiker Farben wahrnimmt. Am häufigsten kommt die Form der Synästhesie vor, bei der Wörter oder Zahlen in geschriebener oder gesprochener Form Farben erschei-

nen lassen. Dabei stimmen zwei Personen nie darin überein, »welche Farbe sie mit demselben Wort assoziieren«, wie der britische Arzt und Naturforscher Francis Galton, einer der Wegbereiter der modernen Psychologie, bereits 1907 bemerkte.

Synästhetiker machen nur einen kleinen Teil der Bevölkerung aus. Wahrscheinlich ist etwa eine von 2000 Personen mit dem Talent ausgestattet, allerdings gehen die Schätzungen weit auseinander. Es gibt rund sechsmal mehr weibliche Synästhetiker als männliche, und oft findet man in derselben Familie mehrere befähigte Personen. Das war auch Galton aufgefallen, und er kam zum Schluss: »Diese Tendenz ist stark von der Vererbung abhängig.« Wie man heute weiß, wird die Mischsinnigkeit sehr wahrscheinlich über die Mutter weitervererbt.

Alle Synästhetiker berichten, ihre Erfahrungen mit den außergewöhnlichen Sinneseindrücken reichten so weit zurück, wie sie sich erinnern können. Auch wenn manche Betroffenen nicht darüber

zu sprechen wagen, empfinden viele ihre Gabe als positiv. Andere wiederum behaupten nur, sie seien Synästhetiker. Vor allem Künstler wie Maler, Schriftsteller und Musiker geben oft an, sie gehörten zu dieser Gruppe – nur dass es sich dabei meist um Männer handelt, obwohl die weit überwiegende Anzahl der Synästhetiker Frauen sind! Rimbaud war trotz seines wunderbaren Gedichts keiner; er suchte nur nach besonders aussagekräftigen Assoziationen.

Natürlich gibt es unter Künstlern auch echte Synästhetiker, wie den russischen Romanautor Vladimir Nabokov. Die Malerin Carol Steen beispielsweise, Präsidentin der US-amerikanischen Vereinigung der Synästhetiker, setzt ihre Erfahrungen exzellent in Bilder um.

Zahlreiche Erfahrungsberichte und Untersuchungen Betroffener haben inzwischen klar gezeigt, dass es sich bei der Verschmelzung der Sinne keineswegs um eine dichterische Erfindung oder eine Ausgeburt der Fantasie handelt. Vielmehr haben wir es mit Sinneserfahrungen zu tun, die einem gewöhnlichen Menschen völlig fremd sind. So geht bei einem »geborenen Synästhetiker« beispielsweise die Verbindung von Wörtern und Farben weit über die Art und Weise hinaus, in der andere Menschen entsprechende Sinneseindrücke »assoziieren«. Bei ihm verfärbt sich das Gesichtsfeld tatsächlich rot, wenn er etwa das Wort »Treppe« hört, oder gelb, wenn er »Freiheit« vernimmt. Offensichtlich mischen und überlagern sich hier verschiedene Ebenen des Bewusstseins.

SPEKTRUM DER WISSENSCHAFT, QUELLE: CLAUDE DELPECH

Ein Synästhetiker empfindet bestimmte Wörter als farbig. Für ihn erscheint ein schwarz-weißes Kreuzworträtsel ganz bunt. Dabei verfügt jeder Synästhetiker über seinen eigenen Wort-Farb-Code, der von bestimmten Verknüpfungen in seinem Gehirn abhängt.

Im Jahre 1993 konnten Simon Baron-Cohen und seine Kollegen vom Institut für Psychiatrie der Universität London nachweisen, dass Synästhetiker zuverlässig immer dieselben Wörter und Farben miteinander verknüpfen. Sie lasen Versuchspersonen eine Liste mit Begriffen vor und baten sie, die jeweils zugehörigen Farben zu beschreiben. Bei einer Wiederholung des Versuchs ein Jahr später ordneten die Versuchspersonen diesen Worten immer noch dieselben Farben zu. Dabei wussten sie beim ersten Mal nicht, dass sie erneut getestet würden, und keiner von ihnen hatte versucht, sich die Worte oder die Farben zu merken.

In einem anderen Versuch präsentierten Vilayanur Ramachandran und Edward Hubbart von der Universität von Kalifornien in San Diego ihren Probanden eine Ansammlung aus lauter Zweien und Fünfen, und zwar in einer Schriftart, in der die 2 das Spiegelbild der 5 darstellt (siehe Abbildung S. 65). Die Fünfen waren weit in der Überzahl und bildeten eine Art homogenen Hintergrund. Die wenigen Zweien in dem Zahlenfeld waren so angeordnet, dass sie

ein Dreieck formten. Nicht-Synästhetiker hatten Schwierigkeiten, die Formation der Zweien zu entdecken. Anders dagegen Synästhetiker, die Zahlen und Buchstaben farbig wahrnehmen und dabei Zweien und Fünfen in verschiedenen Tönungen empfinden: Sie sehen augenblicklich das für sie farbige Zahlendreieck aus einem andersfarbigen Hintergrund herausspringen.

Versuche wie diese bestätigten jedenfalls eindeutig, dass Synästhesie ein reales Phänomen des menschlichen Bewusstseins darstellt. Es ging also nunmehr darum, mit Hilfe moderner bildgebender Verfahren zu untersuchen, in welcher Weise sich die Verschmelzung der Sinne im Gehirn niederschlägt. Diese Verfahren ermöglichen es, ihm sozusagen bei der Arbeit zuzusehen. So lässt sich beispielsweise herausfinden, welche Bereiche bei einer bestimmten Denk- oder Wahrnehmungsaufgabe in Aktion treten.

1995 beobachteten Eraldo Paulesu und sein Team an der Abteilung für funktionelle Bildgebung der Wellcome-

Laboratorien in London die Hirnaktivität von Synästhetikern, denen man eine Liste von Wörtern vorsprach. Die Beispiele waren so gewählt, dass sie bei den Synästhetikern Farbempfindungen hervorriefen, während sie bei gewöhnlichen Menschen allenfalls Assoziationen zu einigen dieser Farben weckten. Die Hirnaktivität wurde mit der so genannten Positronen-Emissionstomografie (PET) erfasst. Resultat: Bei den Synästhetikern – und nur bei diesen – wurde die Sehrinde aktiviert, genauer die Assoziationsregionen des visuellen Systems, also die »höchsten« Instanzen, wo die verschiedenen optischen Informationen integriert werden.

Die Psychologen Peter Grossenbacher und Chris Lovelace von der Naropa-Universität in Boulder (Kalifornien) sehen darin ein Indiz für ihre Hypothese zur Entstehung synästhetischer Wahrnehmungen: In visuellen Netzwerken »höherer Ordnung« werde eine sonst un-

Die Verschmelzung der Sinne ist keine Ausgeburt der Fantasie

Was Synästhetiker erleben

▶ **Ich erinnere mich noch gut** an ein Erlebnis, als ich zwei Jahre alt war. Mein Vater stand auf einer Leiter und strich eine Mauer. Die frische Farbe roch blau, aber die Wand wurde weiß. Ich denke immer wieder an diesen Tag und frage mich, warum die Farbe weiß war, während sie doch einen blauen Geruch verströmte.

▶ **Was mich an einem Menschen** als Allererstes in Bann schlägt, ist die Farbe seiner Stimme. V. hat eine gelbe, bröckelige Stimme, wie eine Flamme, aus der winzige Feuerfäden herausfasern.

Manchmal bin ich davon so gefesselt, dass ich den Inhalt der Worte nicht erfasse.

▶ **Grüne Minze** hat einen Geschmack, der an kühle Säulen erinnert, an Säulen aus Glas. Die Zitrone besitzt eine spitze Form, die mir auf Gesicht und Handflächen drückt. Es ist, als ob ich meine Hände auf ein Nagelbrett legen würde.

▶ **Werbeanzeigen** sind für mich eine einzige Enttäuschung, weil die Buchstaben und die Zahlen immer die »falsche« Farbe haben.

▷ terdrückte Rückkopplung zu einem der Verarbeitungswege aktiv, der dann eine konkurrierende Repräsentation im neuronalen Netzwerk erzeuge.

Am Londoner Institut für Psychiatrie haben wir weitere bildgebende Experimente mit solchen Synästhetikern durchgeführt. Dabei verfuhren wir praktisch genauso wie das Team von Paulesu, bedienten uns jedoch der funktionellen Magnetresonanztomografie (fMRT), da sie eine bessere zeitliche und räumliche Auflösung hat. Das Verfahren ist auch als funktionelle Kernspintomografie bekannt (siehe den Beitrag S. 44). Wir achteten darauf, unsere Testgruppen homogen zusammenzusetzen. Sie umfassten jeweils nur Frauen, gleich viele Links- und Rechtshänderinnen, und alle verfügten über eine ähnliche verbale Intelligenz. Die Probandinnen hörten eine Reihe von Wörtern und sinnlosen Lauten, und wir verglichen die hierbei gemessene Hirntätigkeit mit der Aktivierung des Gehirns durch reale Farben. Letztere wird durch

einen Standardtest mit einem bunten Patchwork aus Rechtecken unterschiedlicher Größe erfasst, wie in den Gemälden von Piet Mondrian (1872–1944). Um die gesamte Farbkomponente der Wahrnehmung zu extrahieren, lässt man Versuchspersonen einmal solche »Mondriane« betrachten, ein andermal gleiche, aber schwarz-weiße Motive.

Kann man Synästhesie irgendwie lernen?

In einer Hinsicht kamen wir zum selben Ergebnis wie Paulesus Team: Die Wörter mobilisierten bei den Synästhetikerinnen das visuelle System, bei der Vergleichsgruppe dagegen nicht. Die von uns beobachtete Aktivierung entsprach jedoch einem früheren Schritt bei der Verarbeitung der Seheindrücke (siehe Tabelle rechts). Das betreffende Areal ist für die Analyse von Farben an sich zuständig. Es umfasst einen Teil der so genannten fusiformen Windung, bekannter unter der Bezeichnung V4- oder V8-Region. Dies

stärkte nun die Hypothese, dass die synästhetischen Farbempfindungen gleich zu Beginn des entsprechenden Verarbeitungsprozesses entstehen. Außerdem bekräftigte der Befund, dass es sich um eine wirkliche Wahrnehmung handelt.

Doch woher rührt diese zusätzliche Aktivierung? Bilden Synästhetiker schon in ganz früher Kindheit außergewöhnlich starke und dauerhafte Assoziationen zwischen Wörtern und Farben aus? In diesem Fall läge die Ursache im assoziativen Lernen.

Oder enthält das Gehirn der Synästhetiker von vornherein feste anomale Nervenverbindungen zwischen dem sensorischen System, in dem der auslösende Reiz eigentlich verarbeitet wird, und demjenigen, in dem der zusätzliche Sinneseindruck entsteht? Dann müsste bei Wort-Farb-Synästhetikern eine Verbindung bestehen von den Verarbeitungsbereichen für gehörte oder gelesene Wörter hin zu den visuellen Regionen der Farbwahrnehmung, also zu V4/V8. Diese anomale Bahn sollte im Gehirn von Nicht-Synästhetikern fehlen, ebenso bei Menschen mit anderen Synästhesien. Ihr würde eine genetische Mutation zu Grunde liegen, die dazu führt, dass sich diese Querverbindung entweder ausbildet oder während der Hirnreifung in frühester Kindheit nicht beseitigt wird. In dieser Phase werden routinemäßig nicht benötigte Verknüpfungen eliminiert.

Die Hypothese einer anomalen anatomischen Verbindung lässt sich heute noch nicht direkt experimentell überprüfen. Um jedoch den Ursachen der Synästhesie näher zu kommen, haben wir die andere Annahme getestet: dass hinter allem ein assoziatives Lernen steckt. Sollte sie sich nicht bestätigen, wäre dies ein indirektes Indiz zu Gunsten der anderen Hypothese.

Hierzu trainierten wir Nicht-Synästhetiker, Assoziationen zwischen Wörtern und Farben herzustellen. Dies funktionierte folgendermaßen: Die Teilnehmer saßen vor einem Bildschirm, auf dem in einem Tableau acht Farben angezeigt wurden. Klickten sie auf eines der farbigen Felder, erschien die Farbe auf der gesamten Bildschirmfläche – und über Kopfhörer ertönte ein Wort. Dieser Teil der Aufgabe wurde so lange wiederholt, bis sich feste Assoziationen zwischen Farben und Wörtern gebildet hatten. Der Lernerfolg war daran zu erken-

Für gewöhnliche Menschen sind die schwarzen Zweien unter den schwarzen Fünfen schwer auszumachen (links). Für Synästhetiker dagegen treten die Zweien augenblicklich aus dem Wald von Fünfen hervor, da er sie zum Beispiel in Rot sieht, während die Fünfen grün erscheinen (rechts).

nen, dass der Prüfling im nachfolgenden Test immer die richtige Farbe anklickte, wenn er die Wörter einzeln und in zufälliger Reihenfolge hörte. Danach absolvierte er die Aufgaben im MRT-Gerät, damit er sich an die ungewohnte Versuchsumgebung gewöhnen konnte.

Keine bloße Täuschung

Schließlich, im eigentlichen Test, registrierte der MRT-Scanner die Hirnfunktion der Versuchsperson, während die Testwörter ertönen. Um die Chance zu verbessern, visuelle Prozesse im Gehirn zu entdecken, bat man die Versuchsteilnehmer, teils die Farbe zu benennen, die sie mit dem jeweiligen Wort zu assoziieren gelernt hatten, teils sollten sie sich diese vorstellen und vor ihr geistiges Auge führen. Hätten Synästhetiker tatsächlich nur gelernt, Wörter besonders eng mit Farben in Verbindung zu bringen, sollten unsere nicht-synästhetischen Probanden nach dem intensiven Training nun ebenfalls eine Aktivierung der Region V4/V8 zeigen.

Doch das Übungsprogramm hatte nichts genützt: Bei unseren normalen Versuchspersonen reagierte das »Farbareal« V4/V8 immer noch nicht auf die Wörter im Kopfhörer. Dabei hatte die akustische Stimulation an sich durchaus funktioniert, denn die Hörrinde, das Broca-Areal und andere Sprachregionen unserer Versuchspersonen sprangen auf den Reiz an. Es lag also sehr wohl eine

kognitive Verarbeitung der Begriffe vor. Hieraus lässt sich schließen, dass synästhetische Wahrnehmungen wahrscheinlich nicht auf einem assoziativen Lernen beruhen, das zu besonders starken Verknüpfungen geführt hat. Andernfalls hätte nach dem intensiven Training auch bei den Nicht-Synästhetikern die V4/V8-Region auf das Hören der Wörter anspringen müssen.

Was wäre jedoch, wenn Synästhetiker einfach effizienter lernen? Wenn sie viel schneller und intensiver Assoziationen bilden als ein Durchschnittsmensch? In diesem Fall könnten wir durch unser Farb-Wort-Training nämlich gar nicht ausschließen, dass Mischsinnigkeit auf diesem Mechanismus beruht. Daher stellten wir einen zweiten, ähnlichen Versuch an. Statt Wort-Farbe-Paare mussten die Teilnehmer nun Kombinationen aus Melodien und Farben lernen. Wir wählten Tonfolgen aus klassischen Werken, zum Beispiel von Chopin oder Mozart. Jede wurde vier Sekunden lang über Kopfhörer eingespielt, und eine halbe Sekunde nach ihrem Einsetzen erschien zusätzlich die entsprechende Farbe auf dem Computerbildschirm. Diesmal mussten nicht nur »Normalpersonen« in dieser Weise üben, sondern auch Synästhetiker – und zwar solche, die von

Natur aus Wörter, nicht aber Töne mit Farben assoziieren. Der Gedanke dahinter: Wenn Letztere besonders erfolgreiche Assoziationslerner sind, dann müsste ihre V4/V8-Region nach der Übungsphase außer auf Wörter auch auf Melodien ansprechen.

Wie die Magnetresonanzbilder jedoch zeigten, sprangen während des Versuchs bei allen Teilnehmern nahezu dieselben Hirnbereiche an, nie aber sonderlich stark die V4/V8-Region. Somit besitzen Synästhetiker keine besondere Begabung für das Erlernen von Assoziationen.

Das Areal auf der fusiformen Windung springt insgesamt bei Wort-Farb-Synästhetikern sowohl auf Wörter als auch auf Farben an, nicht aber – ganz wie bei gewöhnlichen Menschen – beim bloßen Vorstellen oder Erinnern von Farben. Demnach ist eine synästhetische Farberfahrung tatsächlich eine echte Wahrnehmung und nicht das Ergebnis einer überschäumenden Vorstellungskraft. Sie ist mehr mit Nachbildern oder illusorischer Bewegung verwandt. So sieht man manchmal ein rotes Nachbild, wenn man nach längerer Zeit den Blick von einem grünen Fleck abwendet. Oder sieht nach längerem Blick auf einen Wasserfall einen neutralen Untergrund sich ▷

Hirnaktivität / Reiz	reale Farben	visualisierte Farben	Worte
Synästhetiker linke V4/V8-Region	—		+
Synästhetiker rechte V4/V8-Region	+	—	—
Vergleichspersonen linke V4/V8-Region	+	—	—
Vergleichspersonen rechte V4/V8-Region	+	—	—

Je nach Stimulus werden bei Synästhetikern und Nicht-Synästhetikern verschiedene Regionen des Sehsystems aktiviert. So erregen Worte die linke V4/V8-Region der Synästhetiker, Farben tun das dagegen nicht. Die rechte V4/V8-Region der Synästhetiker reagiert dafür auf Farben, jedoch nicht auf Worte. Bei gewöhnlichen Menschen zeigen Wörter weder rechts noch links Wirkung.

▷ fortbewegen wie die stürzenden Wassermassen, allerdings in Gegenrichtung.

Alle unsere Experimente deuten darauf hin, dass bei Synästhetikern tatsächlich von Geburt an Hör- und Sehwahrnehmung miteinander verbunden sind. Dies führt zu einer neuen Frage: Wie sieht diese angeborene »Leitung« genau aus? Wie wir glauben, handelt es sich um eine Art neuronalen Nebenweg zwischen den entsprechenden Hirnregionen. Bei der von uns untersuchten Form der Synästhesie entsteht die Farbempfindung durch Wörter, entweder in gesprochener oder geschriebener Form. Die hierfür zuständige Nervenbahn dürfte daher von denjenigen Regionen

Hört ein Synästhetiker ein Wort, das bei ihm eine Farbempfindung verursacht, wird die zum visuellen System gehörige Region V4/V8 angesprochen. Der akustische Reiz aktiviert zunächst die Hörregionen, und von dort geht eine Meldung – wahrscheinlich über eine postulierte »spezifische Verbindung« – an die V4/V8-Region der linken Hirnhälfte (im Bild rechts, da das Gehirn von unten betrachtet wird). Nicht-Synästhetikern fehlt diese Bahn, und daher wird ihr V4/V8-Areal ausschließlich durch Farbinformationen stimuliert, die über die Sehbahn einlaufen.

ausgehen, wo solche »Phoneme« und »Grapheme« akustisch respektive visuell repräsentiert werden. Durch weitere fMRT-Studien konnten wir den Verlauf dieser vermuteten Bahn dann präziser bestimmen.

Das Gehirn der Synästhetiker reagierte in unseren Versuchen auf gesprochene Worte, indem es jene Region seines Sehsystems aktivierte, die für Farbwahrnehmung zuständig ist. Vorgeschaltete Areale des visuellen Systems, etwa die Region V1 (die primäre Sehrinde) oder V2 (ein Bereich der sekundären Rinde), blieben dagegen stumm. Präsentierte man den Versuchspersonen jedoch farbige Sehreize, traten diese Bereiche in Aktion. Genau dieselben Verhältnisse beobachtete man bei farbigen Nachbildern. Auch dort werden höhere Stationen der Sehbahn mobilisiert, während die Regionen V1/V2 anders als bei »echten« Farben kaum aktiviert werden. Sich Farben nur vorzustellen, genügt nach unseren Versuchsergebnissen dagegen nicht, um V1/V2 oder V4/V8 zu mobilisieren.

Damit scheint sich eine Hypothese zu bestätigen, die von Neuropsychologen und Experten für visuelle Wahrnehmung vertreten wird, unter anderem von Semir Zeki von der Universität London und Dominic Ffytche vom Londoner Institut für Psychiatrie: Damit wir ein bestimmtes visuelles Merkmal bewusst wahrnehmen, genügt es, wenn allein das

dafür zuständige Modul des visuellen Systems aktiviert wird. Im Fall der Region V4/V8 wird dann beispielsweise eine Farbempfindung erzeugt, im Fall von V5 der Eindruck von Bewegung. Es ist also nicht nötig, dass auch frühere Instanzen der Sehbahn beteiligt sind.

Damit ließen sich auch die Symptome des so genannten Charles-Bonnet-Syndroms erklären. Dieses trifft Menschen, die beispielsweise durch eine Netzhautablösung oder ein Glaukom plötzlich an Sehkraft verloren haben. Sie erfahren dann starke visuelle Halluzinationen, deren Inhalt sich von Person zu Person unterscheidet. Ffytche und seine Kollegen forderten solche Patienten im Kernspintomografen auf, ihre Trugbilder zu beschreiben und deren Einsetzen und Ende anzugeben. Die Art der »Wahrnehmung« stand dabei hervorragend im Einklang mit der natürlichen Funktion der jeweils aktiven Region des Sehsystems.

Wortfarben nur in der linken Hirnhälfte

Farbhalluzinationen zum Beispiel gingen mit einer Aktivierung der Region V4 einher, Objekthalluzinationen mit neuronaler Tätigkeit in einem anderen Bereich der fusiformen Windung. Trugbilder von Gesichtern entstanden, wenn eine für die Gesichtserkennung zuständige Hirnpartie ganz in der Nähe der Win-

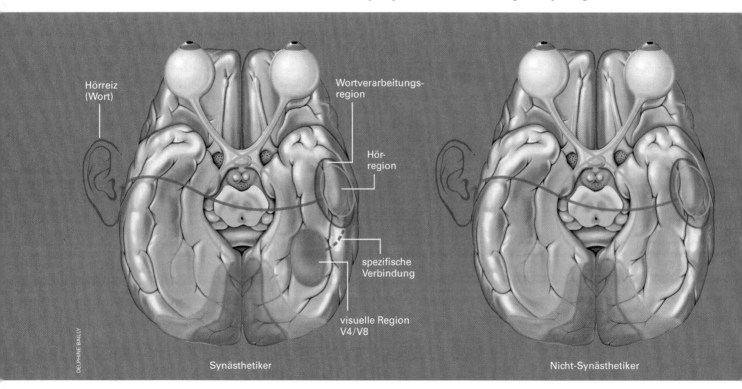

Hörreiz (Wort)

Wortverarbeitungsregion

Hörregion

spezifische Verbindung

visuelle Region V4/V8

Synästhetiker

Nicht-Synästhetiker

DELPHINE BAILLY

dung ansprang. Die primäre Sehrinde der Halluzinierenden spielte dagegen zu keinem Zeitpunkt mit. So gesehen könnte man die Wort-Farb-Synästhesie als eine optische Täuschung betrachten, bei welcher der auslösende Reiz – hier bestimmte Worte – viel häufiger vorkommt als bei solchen Täuschungen wie farbigen Nachbildern oder dem Wasserfalleffekt. In all diesen Fällen entsteht der trügerische Eindruck genau dann, wenn die entsprechende Instanz des Sehsystems aktiv ist: die Region V4/V8 für Farbe und die Region V5 für Bewegung.

In einem Punkt müssen wir das bisher Gesagte über die neuronale Verbindung zwischen Seh- und Hörarealen noch präzisieren: Unsere Versuche zeigen, dass die synästhetische Aktivierung des Gehirns bei der Wort-Farb-Form des Phänomens ausschließlich in der V4/V8-Region der linken Hirnhälfte erfolgt. Auch das Team von Paulesu war in seiner PET-Studie auf eine linksseitige, unterschwellige Mobilisierung der V4/V8-Region gestoßen. Vielleicht erklärt dies, dass die Farbempfindungen eher durch Wörter als durch beliebige Töne hervorgerufen werden, denn in der linken Hirnrinde liegt auch unser Sprachsystem.

Vor diesem Hintergrund können wir die vermutete »synästhetische Bahn«, die Wörtern Farbe verleiht, genauer eingrenzen: Sie verläuft vom Sprachsystem im Cortex der linken Seite zur V4/V8-Region derselben Hemisphäre (siehe Abbildung links), und zwar so, dass die vorgeschalteten Regionen des Sehsystems nicht erregt werden.

Hierzu passt es gut, dass die linksseitige V4/V8-Region von Synästhetikern nicht auf wirkliche Farben reagiert. Offensichtlich liegt hier eine klare Aufgabenteilung vor: Während normalerweise beide Hirnhälften in gleicher Weise echte Farben verarbeiten, kümmert sich bei Synästhetikern die rechte Hemisphäre um reale Farben und die linke um die »Wortfarben«. Demnach könnte die postulierte, vom Sprachsystem links einlaufende synästhetische Bahn die linke V4/V8-Region daran hindern, ihre eigentliche Funktion zu erfüllen, sprich die Wahrnehmung realer Farben zu ermöglichen. Kurzum: Wenn die Betreffenden ein Wort hören oder lesen, aktiviert diese Bahn nun die Region der Farbwahrnehmung. Das genügt, um ein bewusstes Farberleben zu erfahren. Die genaue

Art dieser Empfindung hängt davon ab, welche Neuronen der V4/V8-Region dabei erregt werden.

Es gibt keinerlei Hinweis darauf, dass die synästhetischen Farben bei der auditiven oder visuellen Verarbeitung der Wörter einen Vorteil bieten. Ganz im Gegenteil: Synästhetiker werden manchmal von einer störenden »Doppelwahrnehmung« verwirrt. Dies ist dann der Fall, wenn die Bezeichnung einer Farbe die Wahrnehmung einer anderen Farbe auslöst. So kann zum Beispiel das Wort »Rot« grün gefärbt erscheinen, und das Wort »Gelb« rot. Je nach Person unterliegen alle oder nur ein Teil der Farbnamen diesem »Falschfarbeneffekt«.

Ebenso wie die Synästhesie an sich scheint dieses verwirrende Phänomen von frühester Kindheit an zu bestehen. Dennoch ist es im Alltag kaum zu bemerken. Synästhetiker lernen ganz normal die Namen der Farben; ihre Farbwahrnehmung ist offensichtlich in Ordnung, und sie können eine reale Farbe korrekt bezeichnen. Wir vermochten den Falschfarbeneffekt jedoch durch ein Experiment demonstrieren. Hierzu ordneten wir Wort-Farb-Synästhetiker nach ihrer Empfindlichkeit gegenüber dem Effekt, indem wir für jeden von ihnen bestimmten, bei welchem Anteil aller Farbnamen ein Konflikt zwischen der bezeichneten und der wahrgenommenen Farbe auftritt. Dann präsentierten wir unseren Probanden verschiedene Farben und maßen, wie schnell sie diese benennen konnten.

Wenn Gesprochenes, Gedachtes und Gesehenes kollidieren

Man muss hierzu wissen, dass es unserem Gehirn schwer fällt, die Farbe eines farbig geschriebenen Wortes zu identifizieren, wenn dieses selbst eine andere Farbe bezeichnet, wenn beispielsweise das Wort »Rot« in Grün geschrieben ist. Das Gehirn braucht hierzu länger, als um die Farbe einer zufälligen Abfolge von Buchstaben zu erkennen. Im Fall der Synästhetiker sollte dieser Störeffekt auch auftreten, wenn ein Wort etwa einen Roteindruck hervorruft.

Genau diese Verzögerung haben wir bei Synästhetikern beobachtet, bei denen der Falschfarbeneffekt auftritt. Sie brauchten länger, um bei einer Buchstabenreihe aus X die jeweilige Druckfarbe zu benennen, wenn deren Bezeichnung eine andere synästhetische Farbe ▷

▷ hervorruft. Allein der Gedanke an die Farbbezeichnung lässt eine Farbempfindung entstehen, die von der Buchstabenfarbe abweicht. Dadurch entsteht ein bewusster Konflikt, und die Farbe wird langsamer identifiziert.

Unsere Ergebnisse bestätigen den Falschfarbeneffekt genau so, wie er von den Betroffenen beschrieben wird (siehe Abbildung unten). Auch vor diesem Hintergrund erscheint es unplausibel, dass die Synästhesie eine Folge assoziativen Lernens ist. Sie muss vielmehr tief im Gehirn verwurzelt sein, sodass sie zwei Sinnesfunktionen in ein und demselben Bewusstseinszustand zusammenfließen lassen kann. Diese Erkenntnis hat weit reichende Folgen für die Beziehung zwischen neuronalen Funktionen und Bewusstsein.

Störende Qualia

Wie entsteht ein solcher Zustand? Neurobiologen erklären die Tatsache, eine Farbe wie Rot zu sehen, als das Ergebnis einer Reihe von neuronalen Reaktionen. Nach diesem Modell beruht die Wahrnehmung eines Lautes ebenfalls auf der Aktivität von Nervenzellen. Nun sind aber der Laut und die Farbe Rot »in den Augen des Bewusstseins« etwas qualitativ Verschiedenes. Diese subjektiven Wirkungen bezeichnet man auch als Qualia, vom lateinischen *qualis*, das »wie beschaffen« bedeutet. Um sie zu definieren, genügt es nicht, die physiologischen Abläufe zu beschreiben, die mit ihnen assoziiert sind.

Eine Reihe von Philosophen und Biologen – um die Wahrheit zu sagen: die große Mehrheit – wollen die Qualia bei der Erforschung des Bewusstseins ausklammern. Diese seien zu subjektiv, als dass sie Gegenstand objektiver wissenschaftlicher Betrachtung sein könnten. Solche »Funktionalisten« streichen die Empfindung, die zum Beispiel Rot oder Grün verursachen, aus ihren Überlegungen. Sie konzentrieren sich auf die Verhaltensreaktionen, durch die ein Mensch Rot und Grün unterscheidet. Die Person wird als funktionales System aus Ein- und Ausgängen betrachtet, und einzig deren Kombination sei objektives Fakt. Das innere Geschehen sei reine Illusion.

Nach dieser Hypothese sind die Qualia nur Epiphänomene, die mit den Funktionen, den Verhaltensleistungen einer Person einhergehen, also etwa deren Worten, Bewegungen und Handlungen. Daraus folgt, dass zwei unterschiedliche Qualia, die vollständig durch diese Funktionen definiert sind, notwendig zwei verschiedenen Input- und Output-Funktionen entsprechen müssen. Umgekehrt sollten zwei verschiedene Funktionen mit zwei verschiedenen Qualia assoziiert sein.

Die Synästhesie zeigt aber genau das Gegenteil. Wenn eine visuelle und eine auditive Funktion auf dasselbe Quale konvergieren – in diesem Fall die Wahrnehmung einer Farbe –, kann man unmöglich weiter behaupten, dass die Qualia nichts weiter seien als die ihnen zu Grunde liegenden Funktionen und Prozesse. Genauso absurd wäre es zu sagen, die Temperatur sei identisch mit dem Flüssigkeitsstand in einem Thermometer. Alles deutet vielmehr auf eine eigenständige Existenz der Qualia hin. Dies konnten bereits die Wahrnehmungspsychologen Ramachandran und Hubbart illustrieren, als sie einen farbenblinden Synästhetiker untersuchten, der angab, Zahlen bunt zu sehen, aber in »marsianischen« Farben, anderen als in der Außenwelt. Dieser außergewöhnliche Fall zeigte, dass die »Farbzentren« im Gehirn offenbar immer noch arbeiteten, obwohl sie ihrer eigentlichen Funktion – der Farbwahrnehmung – entfremdet wurden. Demnach existiert der bewusste Zustand »Sehen« auf irgendeine Weise per se, unabhängig von der visuellen Wahrnehmung durch das Auge.

Welchen biologischen Sinn hätten Wortfarben?

Insgesamt könnte man also sagen: Die Evolution hat die Entstehung neuronaler Strukturen begünstigt, durch die wir über das Licht Informationen aus unserer Umwelt entnehmen können; gleichzeitig sind diese Strukturen aber in der Lage, Bewusstseinszustände hervorzubringen, die für sich alleine existieren und jederzeit auch mit einem anderen Aspekt der Realität verknüpft werden können. Man weiß derzeit noch nicht, ob wortbedingte und objektbedingte Farbwahrnehmung exakt dasselbe ist. Daher arbeiten wir mit einer kleinen Gruppe von Synästhetikern, die Farben hören und geschickt genug sind, den entstehenden Eindruck zu malen. Die funktionelle MRT soll dann einmal zeigen, wie weit ein Wort und das ihm entsprechende Bild die V4/V8-Region in ähnlicher Weise aktivieren. Dieses Un-

Der Falschfarbeneffekt

Wer einen Treppenaufgang sucht und endlich das entsprechende Hinweisschild entdeckt, ist normalerweise zufrieden – es sei denn, er ist Synästhetiker. Dann kann es nämlich sein, dass er das Wort »Treppe« in einer Farbe empfindet, die sich von dessen Druckfarbe unterscheidet. Wenn ihm das Wort zum Beispiel violett erscheint, jedoch aus gelben Buchstaben besteht, entsteht ein Konflikt, und die zwei verschiedenfarbigen Versionen des Wortes können verschwimmen (links).

Sind die Buchstaben jedoch violett, bleibt die Kohärenz erhalten (rechts). Noch paradoxer wird die Situation dagegen, wenn beispielsweise das Wort »Rot« einen Grüneindruck auslöst.

DOMINIC FFYTCHE

visuelle
Region V4/V8

Menschen, die plötzlich ihre Seh-kraft verlieren, haben manchmal farbige Halluzinationen (links ein solches von einem Patienten beschriebenes Trug-bild). Interessanterweise werden durch diese Visionen dieselben Hirnareale akti-viert (rechts), die bei Synästhetikern auf bestimmte »Wortfarben« anspringen.

terfangen ist schwierig, bei den derzei-tigen technischen Grenzen der bildge-benden Verfahren vielleicht sogar un-möglich. Dennoch hoffen wir, dass sich unsere Hypothese auf diesem Wege ob-jektiv bestätigen lässt: dass bei der Wort-Farb-Synästhesie das Wort und die ent-sprechende Farbe in ähnlicher oder gar identischer Weise bewusst wahrgenom-men werden – obwohl die jeweilige Wahrnehmung über verschiedene funk-tionelle Bahnen erfolgt.

Gegen diese Interpretation könnte man anführen, dass die V4/V8-Region der linken Hirnhälfte bei den Wort-Farb-Synästhetikern für synästhetische Farben zuständig ist, die rechtsseitige V4/V8-Re-gion dagegen für visuell wahrgenommene Farben. Funktionalisten stellen sich auf den Standpunkt, dass die beiden Funkti-onen – ob sie nun auf dem Hören von Wörtern oder dem Sehen von Farben be-ruhen – sich ja nicht denselben bewuss-ten Zustand teilen, da die eine mit Zu-ständen einhergeht, die in der linken V4/V8-Region entstehen, und die andere mit solchen in der rechten V4/V8-Region.

Das Problem für die Vertreter dieser Sichtweise liegt jedoch darin, dass beide zu einer Farbempfindung führen. Diese Rollenverteilung würde zwei vollkommen getrennten physischen Substraten – in ei-nem Fall dem Ensemble aus Netzhaut, Sehnerv, Sehrinde und rechter V4/V8-Region, im anderen Fall aus Ohr, Hör-nerv, Hörrinde, synästhetischem Trakt und linker V4/V8-Region – denselben Zustand bewusster Wahrnehmung zuord-nen. Damit wäre der eineindeutige Zu-sammenhang zwischen einer gegebenen Funktion und einem bestimmten Be-wusstseinszustand verletzt.

Es bleibt umstritten, ob man be-wusste Zustände bestimmten biologi-schen »Substraten« zuschreiben kann. Im Laufe der Evolution hat sich das Ge-

hirn der Hominiden weiterentwickelt, und dabei ist auch die Anzahl bewusster Zustände unaufhörlich gestiegen. Wie die Erforschung verschiedener Synäshe-sietypen gezeigt hat, könnte die Auslese der Qualia anderen Gesetzen folgen als die der Verhaltensfunktionen. Denn: Welchen evolutionären Vorteil hätte beispielsweise der Falschfarbeneffekt? Das Verständnis der Sprache spielt für das Überleben ganz offenkundig eine wichtige Rolle, ebenso das Farbensehen. Für eine neuronale Verbindung, welche die Wahrnehmung von Wörtern mit der von Farben ver-knüpft, ist jedoch kein biologischer Sinn ersichtlich. Eine solche Veranlagung ist bestenfalls funktionell neutral, im Fall des Falschfarbeneffekts sogar nachteilig.

Gehen wir einmal davon aus, die Fä-higkeit, Farben »sprachlich« über die Hörbahn wahrzunehmen, sei genetisch bedingt. Dann hatten die negativen Fol-gen dieses Gens vielleicht nur noch kei-ne Zeit gehabt, eine wie immer geartete Selektion zu bewirken. In diesem Fall würden Qualia und biologische Funk-tionen jeweils ihrer eigenen evolutiven Dynamik folgen.

Auch das Argument, die synästheti-sche Wahrnehmung besitze nur den Cha-rakter einer optischen Täuschung, zieht hier nicht. Man geht nämlich davon aus, dass Farben als solche keine Eigenschaf-ten des als farbig wahrgenommenen Ob-jekts sind. Es handelt sich vielmehr um die Spektralanteile des Lichts, das von ih-rer Oberfläche reflektiert wird. Es gibt eine Korrelation zwischen den Wellen-längen des reflektierten Lichts – die an den Oberflächen gemessen oder durch das Gehirn verarbeitet werden – und dem bewussten Eindruck, den ein Indivi-duum davon hat, also den Qualia. Dem-

nach ist es nicht absurder, Farben zu »hö-ren«, als sie zu »sehen«. Logisch betrachtet haben Wort-Farb-Synästhetiker vielleicht nur den ersten Schritt einer evolutiven Entwicklung hinter sich gebracht, durch die es zukünftig ganz normal wird, Wör-tern Farbqualia zuzuordnen – wenn dieser Weg nicht bereits mit der Entstehung des Sehsinns begonnen hat.

Die Erforschung von Synästhesien macht deutlich, dass sich die Beziehung zwischen Gehirn und bewussten Zustän-den ganz konkret im Labor untersuchen lässt, und nicht nur durch Gedankenex-perimente. Sie offenbart vor allem, dass

Bewusstes Farbensehen existiert
unabhängig von der visuellen Wahrnehmung

die Bewusstseinszustände wahrscheinlich eine eigenständige Existenz führen und ihrer eigenen evolutiven Dynamik unter-liegen, zwar mit der Evolution biologi-scher Funktionen verknüpft sind, aber nicht in notwendiger oder unveränderli-cher Weise. Möglicherweise haben wir mit den Qualia eine *terra incognita* vor uns, deren Erkundung gerade erst be-ginnt – und die Synästhesie lässt uns ah-nen, was dort auf uns wartet.   ◁

Jeffrey Gray ist Professor am Institut für Psychiatrie am Kings College der Universität London.

Blauer Dienstag, duftende Fünf. Von Vilayanur S. Ramachandran und Edward M. Hubbard in: Gehirn & Geist, Heft 5, S. 58, 2003

Functional magnetic resonance imaging of synes-thesia; activation of V4/V8 by spoken words. Von J. Nunn et al. in: Nature Neuroscience, Bd. 5, S. 371, 2002

Implications of synesthesia for functionalism: the-ory and experiments. Von J. Gray et al. in: Jour-nal of Consciousness Studies, Bd. 9 (12), 2002

The anatomy of conscious vision: an fMRI study of visual hallucinations. Von D. Ffytche et al. in: Nature Neuroscience, Bd. 1, S. 738, 1998

AUTOR UND LITERATURHINWEISE

Zwischen virtuell und real

Kann der Ausflug in virtuelle Welten bei Menschen mit instabiler Orientierung Bewusstseinsstörungen auslösen?

Von Isabelle Viaud-Delmon und Roland Jouvent

Realität ist das, was nicht weggeht, wenn man aufhört, daran zu glauben«, behauptete der Science-Fiction-Autor Philip K. Dick. Wie Experimente mit künstlichen, vom Computer generierten Welten zeigen, liegen die Dinge aber offensichtlich etwas komplizierter. Setzen Sie einen Cyberhelm auf, stülpen Sie sich einen Handschuh mit Kraftrückkopplung über, und Sie werden in eine virtuelle Welt eintauchen, in der Sie nach einem leichten zeitweiligen Unwohlsein oft jegliches Bewusstsein für die Realität verlieren. Dabei erinnern Ihre Sinne Sie jederzeit an die reale Welt um sie herum: Sie spüren die Kälte des Raums und den schweren Helm. Die Magie der virtuellen Welt besteht darin, dies auszublenden: Glauben Sie einfach nicht mehr an die Realität und sie verschwindet.

Dieses Abschotten von der Wirklichkeit ist jedoch riskant. Um die Illusion der virtuellen Welt aufrechtzuerhalten, muss das Gehirn die Widersprüche zwischen den Informationen aus der Computerumgebung und aus der echten Umwelt des Cyberreisenden auflösen. Experimentalpsychologen wissen heute, dass unser Organismus – wenn auch nicht immer leicht – mit solchen Konflikten umzugehen vermag, indem er sich entsprechend anpasst. Dabei wird manchmal unsere Wahrnehmung verändert – und wie sich gezeigt hat, bleiben diese Modifikationen oft auch nach der Rückkehr in die echte Welt erhalten.

Die künstlich geschaffenen Umwelten dringen heute immer weiter vor. In zehn Jahren wird zur Spielekonsole der Kinder wahrscheinlich auch ein Cyberhelm gehören. Stark im Kommen sind zudem virtuelle Formen der Therapie: Man behandelt Phobien, indem man die Patienten auf virtuellem Weg mit dem Objekt ihrer Angst und Abscheu konfrontiert.

Bei dieser Entwicklung muss man sich fragen, welche Gefahren die schönen neuen Welten mit sich bringen. Laufen Menschen, die sich oft einer virtuellen Umgebung aussetzen, nicht Gefahr, ihre Orientierung in der realen Welt zu verlieren? Verwischen so die Grenzen zwischen Virtualität und Realität, und verliert vielleicht die Wirklichkeit ihren inneren Zusammenhang, ihre Kohärenz? Ausgehend von solchen Fragen untersuchen Psychologen das Verhalten von Menschen, die sich öfter künstlich erzeugten Umgebungen aussetzen. Ihr Ziel: herauszufinden, wie unser Verhältnis zu uns selbst entsteht, unsere Beziehung zur Welt und demnach auch unser Bewusstsein.

Eine schlechte Imitation

Das Prinzip der virtuellen Realität besteht darin, eine dreidimensionale Computerwelt zu schaffen, in der sich ein Mensch bewegen kann. Normalerweise wird die künstliche Umgebung über einen speziellen Helm präsentiert, der Stereosehen erlaubt, also auch echte räumliche Tiefe vermittelt. Der Cybergänger kann über Sensoren und bestimmte Geräte mit seiner simulierten Umgebung interagieren: Messfühler auf seiner Körperoberfläche lokalisieren ihn im Raum. So genannte Kraftrückkopplungssysteme machen die Simulation wirklichkeitsgetreuer. Diese mechanischen Vorrichtungen reagieren, als würden echte Kräfte einwirken. So überträgt ein Lenkrad in einem Videospiel scheinbar die Unebenheiten der Strecke, indem es den Steuerbewegungen des Spielers Widerstand entgegensetzt. Handschuhe mit mechanischen Gelenken schließlich vermitteln das Gefühl, einen Gegenstand zu berühren, indem sie gegen die Bewegung der Finger arbeiten.

Obwohl diese Geräte schon sehr weit entwickelt sind, erzeugen sie aus mehreren Gründen Konflikte zwischen den Sinnesorganen. Die vorgegaukelten Eindrücke stimmen oft nicht mit den Informationen überein, die über unsere Sinnesorgane aus der realen Welt zu uns durchdringen. Dies liegt zunächst daran, dass wir in einer virtuellen Umgebung heute noch unmöglich alle Sinne des Organismus bedienen können. Insbesondere Geruchs- und Geschmacksreize sind dort stark unterrepräsentiert. Es fehlt einfach etwas, wenn man in einer virtuellen herbstlichen Landschaft eine Wiese überquert, ohne dass der Geruch von feuchtem Gras, modernder Erde oder leckeren Pilzen in die Nase steigt.

Außerdem ist der Körper des Menschen mit einer großen Zahl von Rezep-

▶ **Widersprüchliche virtuelle Sinnesinformationen stellen hier Sehsinn und Gehör einer Probandin (links) auf die Probe: Bewegt diese in der virtuellen Umgebung einen Gegenstand, entspricht die Verlagerung der virtuellen Schallquelle nicht der Verschiebung des Objekts, die über die VR-Brille zu verfolgen ist. Doch die Versuchsperson wird sich dessen nicht bewusst, da der visuelle Eindruck die Wahrnehmung der Schallrichtung modifiziert.**

toren ausgestattet, vor allem für Temperatur und Druck. Diese liegen in der Haut, aber auch in den Muskeln, Gelenken, Sehnen und Knochen. Solche Fühler bilden das System der »Propriorezeption«, das uns Körper- und Bewegungsgefühl verleiht. Ob ihrer schieren Anzahl werden sie nur unter realen Bedingungen korrekt angesprochen, und in dieser Hinsicht wird die Cyberwelt immer eine schlechte Imitation sein.

Derzeit beschränkt auch die Rechenleistung eines durchschnittlichen Computers die Wirklichkeitsnähe der virtuellen Realität (VR). In den meisten Fällen wird zum Beispiel der Körper des Cybergängers nicht dargestellt. Wenn man also die Hand vor die Augen hebt, erscheint für sie kein virtueller Stellvertreter. Außerdem erfolgen Bewegungen in der künstlichen Umgebung gegenüber den echten Bewegungen immer etwas versetzt. Selbst bei den besten VR-Systemen beträgt die Verzögerung mindestens 50 Millisekunden. Manche Geräte ermöglichen leider auch kein 3-D-Sehen; in diesem Fall bleiben nur zweidimensionale Bilder, um die Illusion von Tiefe zu vermitteln.

Schwierig ist überdies, die vom Benutzer in der Scheinumgebung verursachten Geräusche in Echtzeit zu errechnen und ohne große Verzögerung einzuspielen. Das Fehlen akustischer Information stört umso mehr, als wir maßgeblich auch nach Gehör entscheiden, wie beim Verfolgen bewegter Objekte (siehe Foto unten). Kurzum: Virtuellen Welten mangelt es noch an sensorischer Vielfalt. Denn auch wenn wir uns vor allem mit Hilfe visueller Informationen in unserer Umgebung zurechtfinden, so spielen doch alle anderen Sinne ebenfalls eine Rolle. Virtuelle Räume sind heute im Grunde aber noch rein visuelle Szenerien.

Um realistisch zu erscheinen, müssen Cyberwelten allerdings mehr leisten, als nur die statischen Qualitäten der realen Umwelt zu imitieren, wie Aussehen, Geruch und Gefühl beim Berühren. Sie ▷

▷ müssen auch dieselben dynamischen Eigenschaften haben. Schon 1973 hat Gunnar Johansson von der Universität Stockholm demonstriert, dass wir natürliche Bewegung von animierten unterscheiden können. Wenn wir nämlich Lichtpunkte sehen, die sich in der Dunkelheit bewegen, wissen wir sofort, ob sie auf dem Körper eines Lebewesens sitzen oder ob sie künstlich angetrieben werden. Die Bewegung einer schreibenden Hand oder eines laufenden Tiers beispielsweise folgt ganz genau einer Art »Gesetz der biologischen Bewegung«, und der Realitätsgrad einer virtuellen Szene hängt davon ab, ob diese Regeln eingehalten werden.

Dies gilt nicht nur für mögliche virtuelle Tiere, sondern vor allem für den Avatar. So nennt man eine vom Computer generierte Menschenfigur, die den Körper des Cybergängers in der virtuellen Umgebung repräsentiert. Damit sich das Subjekt mit seinem Stellvertreter identifiziert, müssen beider Bewegungen perfekt miteinander gekoppelt sein. Der Grund: Das Gehirn antizipiert jeweils, wie sich sein sensorisches Umfeld durch eine Aktion verändern wird, und vergleicht seine Voraussage dann mit den tatsächlichen Folgen. Wenn die beiden nicht einigermaßen übereinstimmen, betrachtet es den Avatar als fremde Person.

Bloßer Schatten des Originals

Insgesamt unterliegt die virtuelle Realität hier zwei Arten von Beschränkungen: technischen – insbesondere durch die Zeitverzögerung zwischen einer Bewegung und dem Anzeigen des entsprechenden Bildes – und qualitativen. Denn selbst wenn es gelänge, den menschlichen Körper in der virtuellen Umgebung zeitgleich darzustellen, wäre die animierte Version immer nur ein Schatten des Originals aus Fleisch und Blut. Zwar verhindern diese Einschränkungen nicht, dass man sich in die fiktive Wirklichkeit hineinversetzen kann. Sie mindern jedoch die Realitätsnähe der Simulation, und je nach ihrem Ausmaß fühlt man sich mehr oder weniger in die Szene integriert.

Bereits kurz nach Aufkommen der Verfahren zur virtuellen Realität versuchte man den Grad des Eintauchens in die Szenen zu erfassen, und zwar durch den Begriff der »Präsenz«. Ursprünglich verstand man hierunter die subjektive Erfahrung, sich in einer Umgebung zu befinden, während man physisch in einer anderen ist. Was die virtuelle Realität angeht, so scheint eine andere Definition passender: Präsenz ist das Gefühl, sich in einer vom Computer generierten Szenerie aufzuhalten und nicht am tatsächlichen Standort.

Selbst bei höchstmöglicher Präsenz erinnern aber die Sinne den Menschen unerbittlich an die physikalische Realität. Daher leiden Cybergänger zuweilen auch an der so genannten Kinetose – einem Phänomen, das wir als Reisekrankheit kennen: durch Bewegungen ausgelöste Übelkeit, Schläfrigkeit oder Kopfschmerzen. Diese Symptome entstehen dadurch, dass viele verschiedene und vor allem auch widersprüchliche Informationen auf die Sinne einströmen. Dies verwirrt. Sitzen wir bei einer Autofahrt hinten, registriert unser Gleichgewichtssystem etwa ständig leichte Bewegungen

Seh- und Gleichgewichtssinn bei widerstreitenden Erfahrungen

Eine Versuchsperson wird auf einem Drehstuhl zunächst mit verbundenen Augen ein Stück um ihre eigene Achse gedreht (a). Dann muss sie mit Hilfe eines Steckzirkels abschätzen, um welchen Winkel man sie gedreht hat. Hierbei treffen ihre Angaben einigermaßen zu. In einem zweiten Durchgang wird die Versuchsperson auf dem Stuhl mittels eines Simulationshelms in ein virtuelles Zimmer versetzt. Die Simulation liefert nun eine falsche visuelle Information über den Betrag der Rotation:

Das Zimmer erscheint aus einer nur halb so weit gedrehten Perspektive (b). 45 Minuten lang werden Sehsinn und Gleichgewichtsorgan immer wieder diesem Konflikt ausgesetzt. Dann müssen die Teilnehmer den Versuchsteil mit der Augenbinde wiederholen (c). Resultat: Die Wahrnehmung der Rotation durch den Gleichgewichtssinn wurde neu »geeicht«, und der Drehwinkel wird nun um rund die Hälfte niedriger geschätzt als vor der Gewöhnungsphase im virtuellen Raum.

J.-M. THIRET

des Fahrzeugs, das Auge jedoch nicht. Bei Reisen in den virtuellen Raum widersprechen sich computergenerierte Reize und Sinnesinformationen aus der Realität. Als weitere Nebeneffekte der Aufenthalte in den Kunstwelten treten Gleichgewichts- oder Sehstörungen auf.

All dies hängt natürlich nicht nur davon ab, wie gut zum Beispiel die optische Wiedergabe ausfällt oder wie genau Eigenbewegung und relative Bewegung des Raums übereinstimmen. Auch das Verhalten des Cybergängers spielt eine Rolle – ob er beispielsweise oft den Kopf bewegt –, ebenso sein Alter, Geschlecht und Erfahrung.

Wer möglichst tief in die virtuelle Welt eintauchen will, muss sich von den bekannten realen Verhältnissen lösen – was aber nicht heißt, dass unser Gehirn nicht weiterhin die verschiedenen Sinne verrechnet und versucht, Kohärenz zu schaffen. Dies zeigen beispielsweise Experimente zum Zusammenwirken von Seh- und Tastsinn in Konfliktsituationen.

Unstimmigkeiten zwischen Inputs werden überspielt

Marc Ernst vom Max-Planck-Institut für biologische Kybernetik in Tübingen und Martin Banks von der Universität von Kalifornien in Berkeley präsentierten ihren Versuchspersonen auf einem Bildschirm einen Gegenstand bestimmter Größe. Zunächst mussten ihre Probanden gleichzeitig ein solches Objekt verdeckt mit den Händen abtasten, ohne zu wissen, dass es eine andere Größe hatte. Keiner der Teilnehmer erkannte einen Größenunterschied. Alle hatten vielmehr das Gefühl, den Körper, den sie sahen, auch in Händen zu halten. Anschließend bekamen sie das Objekt nur zu sehen oder nur zu fühlen. Das Ganze wurde mit immer wieder anderen Größenverhältnis-

sen durchgespielt. Das Resultat: Bei widersprüchlichen Informationen schätzten die Teilnehmer die Abmessungen auf einen Wert zwischen gesehener und ertasteter Größe, wobei das Gehirn dabei die zwei Informationsquellen gewichtete.

Grundsätzlich können sich unsere sensorischen Systeme neuartigen Erfahrungen anpassen, wenn wir häufiger oder länger damit konfrontiert werden. So verschwindet beispielsweise eine Kinetose, die manchmal bei der ersten Fahrt mit einem Hochgeschwindigkeitszug auftritt, nach einigen Fahrten. Wie unser Gehirn sich widerstreitenden Sinnesinformationen von Auge und von Drehsinn im Ohr bei längerem Aufenthalt in einer virtuellen Umgebung anpasst, untersuchte ein Team um Alain Berthoz im Labor für die Physiologie des Wahrnehmens und Handelns am Collège de France in Paris.

Ihre menschlichen Versuchskaninchen saßen zunächst mit verbundenen Augen auf einem Drehstuhl und mussten jeweils abschätzen, wie weit man sie um ihre Achse gedreht hatte (siehe Kasten links). Bei einem zweiten Versuchsdurchgang trugen die Probanden einen Simulationshelm, der sie in einen virtuellen Raum versetzte. Das Gerät vermittelte ihnen überdies den Eindruck, sie hätten sich nur halb so weit wie in Wirklichkeit gedreht. Nach einer Dreiviertelstunde »Übung« wurde dann der erste Teil wiederholt: Abschätzen des Drehwinkels mit verbundenen Augen. Tatsächlich lagen die Angaben nun alle nahezu um die Hälfte niedriger. Wenn die Versuchspersonen einen Drehwinkel vor der Gewöhnungsphase beispielsweise auf 90 Grad schätzten, vermeinten sie nun, nur um etwa 50 Grad rotiert zu haben.

Der Aufenthalt in der virtuellen Umgebung hatte somit die Art und Weise verändert, in der die Informationen des

Die Therapie bestimmter Phobien beruht darauf, dass man den Betroffenen nach und nach immer enger mit dem Objekt seiner Ablehnung in Kontakt bringt. Eine Spinnenphobie lässt sich zum Beispiel heilen, indem man dem Patienten bei einer Reihe von Sitzungen zunehmend besser erkennbare Bilder der Tiere zeigt. Durch die Technik der virtuellen Realität lässt sich diese Form der Therapie in den dreidimensionalen Raum übertragen: Der zu Behandelnde sieht hier, wie auf der Schulter seines Cyber-Ichs nach und nach eine Spinne erscheint. Eine solche Behandlung ist oft erfolgreich.

Gesichts- und Drehsinns miteinander verrechnet werden. Was bemerkenswert ist: Die Versuchsteilnehmer waren sich zu keiner Zeit der Widersprüchlichkeit der erhaltenen Sinnesinformationen bewusst – und dies trotz eines Unterschieds von 100 Prozent zwischen beiden.

Diese Beobachtungen zeigen, dass das Gehirn Unstimmigkeiten zwischen sensorischen Daten aus verschiedenen Quellen kurzerhand überspielen kann. Selbst wenn uns zunächst durch die unvereinbaren Reize übel wird, können wir uns am Ende trotzdem in die virtuelle Situation hineinversetzen. Der Organismus passt sich an und rekalibriert seine Systeme der Wahrnehmung, ohne dass uns dies bewusst wird.

Dabei gibt es wahrscheinlich keine spezielle Instanz, die diese Anpassung vornimmt. Die jüngsten Entdeckungen der kognitiven Neurowissenschaften lassen eher vermuten, dass wir unsere sensorische Flexibilität vielmehr einer ganzen Reihe von Mechanismen verdanken, die an verschiedenen Stellen der Informationsverarbeitung greifen: auf ▷

Wie wirksam man Höhenangst mit »virtueller Psychotherapie« behandeln kann, zeigt ein Vergleich mit der realen Form. Hierbei bewegte sich eine Patientengruppe durch ein reales Gebäude, in dem es zahlreiche exponierte Stellen gibt (links). Eine andere Gruppe trainierte in einer nahezu perfekten virtuellen Version derselben Umgebung (rechts). Nach der Therapie hatten beide Gruppen ihre Furcht gleich gut bewältigt.

▷ der Ebene der Wahrnehmung, der Integration der Sinnesinformationen und des Gedächtnisses. Schließlich dürften auch noch höhere kognitive Funktionen eine Rolle spielen.

Somit führt das Eintauchen in eine virtuelle Szene offensichtlich dazu, dass sich der Betreffende einen neuen »Referenzrahmen« für die Wahrnehmung schafft, der sich von seinem angestammten, realen Rahmen unterscheidet. Doch was geschieht dabei mit der Orientierungsfähigkeit in der wirklichen Welt? Inwieweit ist ein Mensch in der Lage, diese beiden Referenzrahmen voneinander zu trennen? Es wäre durchaus möglich, dass die während des Cyberaufenthalts erworbenen Verhaltensweisen in der Realität anhalten und dass der Rückkehrer hier die Orientierung verliert. Experimente wie der Drehstuhlversuch sprechen dafür, dass wir nach unserer Rückkehr in die Wirklichkeit Spuren der virtuellen Erfahrung zurückbehalten. Einen noch viel überzeugenderen Beweis dafür, dass künstliche Umgebungen unsere geistigen Funktionen beeinflussen, liefern jedoch die Erfolge »virtueller Therapien«, insbesondere zur Behandlung von Phobien.

Um Angststörungen zu heilen, setzen Psychologen heute meist Verhaltenstherapien ein. Hierbei wird der Patient im-

mer intensiver mit dem Furcht auslösenden Stimulus in Kontakt gebracht, um ihn auf diese Weise zu »desensibilisieren«. Einem Menschen mit einer Spinnenphobie präsentiert man eine Reihe von Fotos der Achtbeiner, die zu Beginn völlig verschwommen sind und dann von Mal zu Mal schärfer werden. Eine Person mit Höhenangst, so genannter Akrophobie, steigt mit ihrem Therapeuten jedes Mal vielleicht ein paar Meter höher auf einen Turm.

Ersetzt man solche Vorgehensweisen durch eine 3-D-Simulation, lässt sich die Therapie im Prinzip sogar im privaten Rahmen absolvieren. Da die Ausrüstung immer handlicher wird – manche VR-Helme wiegen nur noch einige hundert Gramm, die zugehörigen Programme laufen auf Laptops und die nötigen Messfühler haben inzwischen Miniformat –, wäre es sogar vorstellbar, dass die Sitzungen zum Patienten nach Hause verlegt werden. Dort könnte er mit Hilfe eines Datenanschlusses unter Aufsicht eines »Ferntherapeuten« arbeiten. Wer nicht in der Öffentlichkeit trainieren möchte, wird sich vielleicht durch diese Option überhaupt erst zu einer Therapie entscheiden.

Selbst entscheiden, was man glauben will

Der größte Pluspunkt einer virtuellen Therapie besteht jedoch darin, dass sich der Phobiker dem Objekt seiner Angst völlig gefahrlos aussetzen kann. Er kann diesem jederzeit den Schrecken nehmen, indem er sich klar macht, dass es sich nur um eine Illusion handelt. Der Patient kann sozusagen selbst entscheiden, ob er daran glauben will, dass das Objekt in seinem Helm – sagen wir eine Spinne auf seiner Schulter – echt ist oder nicht (siehe Fotoserie S. 73).

Per Simulation lassen sich bestimmte Angststörungen, aber auch eine verzerrte

Körperwahrnehmung und Autismus behandeln. Beispiel Höhenangst: Paul Emmelkamp und seine Kollegen von der Universität Amsterdam (Niederlande) schickten Akrophobiker in einen virtuellen Parcours, in dem es mehrere kritische Orte gab, zum Beispiel eine Außen- und eine Rolltreppe (siehe Abbildungen auf dieser Doppelseite). Dabei simulierte die künstliche Umgebung in nahezu perfekter Weise Gebäude, die tatsächlich existieren – und in denen eine Vergleichsgruppe aus Patienten mit der gleichen Störung dasselbe therapeutische Protokoll abarbeitete. Die Teilnehmer gingen die Angst auslösenden Punkte nach und nach an; erst wenn sie einen davon gemeistert hatten, wurden sie mit dem nächsten Prüfstein konfrontiert. Nach diesem Training hatten sowohl die Cyberpatienten als auch die real Therapierten vergleichbare Fortschritte gemacht und ihre Angst zum Teil überwunden.

Die grundsätzliche Erkenntnis, dass man in einer virtuellen Umgebung für die Realität lernen kann, ist dabei schon älter. Beispielsweise ließen David Waller und seine Kollegen von der Universität von Washington in Seattle gesunde Versuchspersonen den Weg durch ein virtuelles Labyrinth suchen. Danach mussten sich die Probanden in der realen Version desselben Irrgartens zurechtfinden. Tatsächlich hatten sie aus der Simulation gelernt und konnten sich nun rasch orientieren.

Auch wenn ein solches Ergebnis intuitiv nahe liegt: Die bei Phobikern verzeichneten Fortschritte sind schwieriger zu erklären, denn die Natur der Übertragungsleistung betrifft hier nicht mehr nur Wissen, sondern einen geistigen Zustand. Wenn ein Phobiker eine virtuelle Spinne oder einen virtuellen Abgrund erträgt, bedeutet dies nicht gleichzeitig, dass er dies auch in der Realität schafft. Der Betreffende muss zusätzlich davon

PAUL EMMELKAMP / UNIVERSITÄT AMSTERDAM

überzeugt sein, dass ihm der Erfolg in der virtuellen Situation erlaubt, auch eine tatsächliche Konfrontation mit dem angstbesetzten Objekt oder der kritischen Situation durchzustehen. Dabei kann eine virtuelle Therapie an mehreren Ursachen scheitern:

▷ Die Illusion ist nicht hinreichend überzeugend, der Patient taucht also nicht tief genug in die virtuelle Welt ein.

▷ Die sensorischen Systeme sind nicht anpassungsfähig genug. In diesem Fall schafft es das Gehirn nicht, voneinander abweichende Eindrücke zu integrieren. Besonders störend wirkt dann, dass der eigene Körper nicht repräsentiert wird und die entsprechenden Wahrnehmungen fehlen.

▷ Die Erfahrungen aus dem Cyberraum werden nicht in die Realität übernommen, das heißt, entsprechende Verhaltensweisen gehen bei der Rückkehr verloren.

Da die Erfolge von Simulationstherapien klar belegen, dass auch künstliche Erfahrungen in unserem Gehirn Gedächtnisspuren hinterlassen, muss man sich fragen, ob in den virtuellen Räumen nicht auch Gefahren lauern. Bei den Therapien ist der Patient zum Beispiel in der Angst auslösenden Situation völlig allein – aber kann man überhaupt ohne jeglichen Kontakt zu anderen Menschen therapieren? Möglicherweise entstehen hier als Nebenwirkung Sozialphobien. Welche anderen Folgen kann der Aufenthalt in den sensorisch armen, künstlichen Umgebungen haben? Besteht vielleicht sogar das Risiko der Abhängigkeit – von einem virtuellen Märchenland ganz unter der Kontrolle des Patienten?

Diese Fragen betreffen nicht nur virtuelle Therapien. Die Technik dringt auch in das Design von Computerspielen und in viele andere Bereiche des menschlichen Lebens vor. Dabei werden nicht nur die Geräte immer unkomplizierter, sondern auch die Erfahrungen der Nutzer realer. So ist beispielsweise vorstellbar, dass wir schon bald Fotos aus unserer wirklichen Umgebung als »Tapeten« über virtuelle Wände legen. Solche Elemente verlangen jedoch eine völlig neue Art des Umgangs mit unserer Umgebung. Sie werden sensorische Konflikte hervorrufen, denen sich unser Organismus stellen und an die er sich anpassen muss. Dabei schaffen wir uns vielleicht bereits im Alltag jenen neuen, wirklichkeitsfremden Referenzrahmen. Die Folge wäre eine »Derealisation« der Realität und damit letztendlich vielleicht krankhafte geistige Zustände oder Dissoziationserlebnisse. Das Gefühl für die Wirklichkeit der äußeren Welt ginge verloren und man hätte das Gefühl, die eigenen geistigen Vorgänge und den eigenen Körper nur noch zu beobachten.

Erweiterte Realität

Riskieren damit vor allem junge Menschen, in ihrem seelischen Gleichgewicht empfindlich gestört zu werden, wenn sie ihre Pubertät sozusagen im falschen oder in häufig wechselnden Referenzrahmen verbringen, statt ihre eigene Identität bei diesem Entwicklungsschritt auf dem Weg zum Erwachsenen zu finden? Wir müssen ernsthaft untersuchen, wodurch die Übertragung von Verhaltensweisen aus dem virtuellen in den realen Referenzrahmen beeinflusst wird. Vor diesem Hintergrund nimmt gegenwärtig ein neues Forschungsgebiet Gestalt an, das es sich zur Aufgabe macht, die kognitiv-sensorischen Mechanismen der Derealisierung und der biologischen Anpassung aufzuklären.

Die nächste Herausforderung für unser Gehirn ist jedoch schon in Sicht: die »erweiterte Realität«. Hierbei projiziert ein Computer virtuelle Bilder und Informationen auf den realen Hintergrund, nicht umgekehrt. Diese Technik bringt das Gehirn an die Grenzen seiner Leistungsfähigkeit, insbesondere was die Integration verschiedener Bewusstseinsebenen angeht – wie etwa die für das Reale, das Selbst und das Wahrgenommene. Ein Verquicken virtueller Persönlichkeit und realer Welt könnte uns bei unzureichendem Ich-Bewusstsein um den Verstand bringen.

Wie wir gesehen haben, fügt das menschliche Gehirn die verschiedenen Informationen der Sinne inklusive der Propriorezeptoren zu einer Einheit zusammen. Diese Integrationsleistung trägt zum Gefühl einer Identität und zum Ich-Bewusstsein bei. Der Druck des Bodens auf meine Füße und die Wärme der Sonnenstrahlen auf meiner Haut bestätigen mich sozusagen in dem Bewusstsein, dass ich existiere. Wenn unsere Umgebung immer virtueller wird, müssen wir schleunigst neue Strategien entwickeln, um unser Bewusstsein für Realität aufrecht zu erhalten. ◁

Isabelle Viaud-Delmon ist Chargée de Recherche am Centre national de la recherche scientifique (CNRS). **Roland Jouvent** ist Professor an der Universität Paris VI. Beide arbeiten im Labor für »Vulnerabilität, Anpassung und Psychopathologie« des CNRS UMR 7593 – einer Forschungskooperation des CNRS mit einer anderen Organisation – am Hôpital de la Salpêtrière in Paris.

Humans integrate visual and haptic information in a statistically optimal fashion. Von M. O. Ernst und M. S. Banks in: Nature, Bd. 415, S. 429, 2002

Adaptation as a sensorial profile in trait anxiety: a study with virtual reality. Von I. Viaud-Delmon et al. in: Journal of Anxiety Disorders, Bd. 14, S. 583, 2000

Sex, lies and virtual reality. Von I. Viaud-Delmon et al. in: Nature Neuroscience, Bd. 1, S. 15, 1998

AUTOREN UND LITERATURHINWEISE

BEWUSSTSEIN

Moleküle des Bewusstseins

Eine Art Arbeitsspeicher in der Hirnrinde ermöglicht das bewusste Verarbeiten von Informationen – aber nur mit »chemischer Hilfe«.

Von Jean-Pol Tassin

Wenn Neurowissenschaftler diskutieren, wie uns etwas bewusst wird, nennen sie gerne einen bestimmten Mechanismus: die Synchronisierung der Neuronenaktivität. Offenbar werden Vorgänge bewusst, wenn sich Nervenzellen vorübergehend zu einem Verband zusammenschließen, indem sie im Gleichtakt feuern (siehe den Beitrag S. 20). Die Umstände, die diese Gleichschaltung auslösen, liegen jedoch noch im Dunkeln, ebenso jene Vorgänge, durch die das Bewusstsein regelmäßig entschwindet wie beim Einschlafen.

Ein Weg, sich dem Rätsel Bewusstsein anzunähern, führt über die Neuropharmakologie. Immerhin werden viele der Substanzen, mit denen sich diese Disziplin befasst, als »bewusstseinsverändernd« eingestuft. Dies gilt für alle Stoffe, die süchtig machen, wie etwa Alkohol, Amphetamine, Kokain, Heroin und das Tetrahydrocannabinol aus der Cannabis-Pflanze. Auch Psychopharmaka, die als Medikament eingesetzt werden, fallen hierunter. So helfen offenbar so genannte Neuroleptika psychotischen Patienten, die beispielsweise an Wahnvorstellungen und Halluzinationen leiden, ihr gestörtes Bewusstsein wieder einigermaßen ins Lot zu bringen.

Das Gehirn selbst setzt bei seiner Arbeit einige Substanzen frei, die »psychoaktiven« Stoffen ähneln. Welch wichtige Rolle sie für kognitive Phänomene spielen, zeigt ihre Erforschung. Sich auf einen rein neuronalen Ansatz zu beschränken, hieße auf eine wesentliche Ergänzung zu verzichten.

Bewusstsein ist nicht einfach da oder nicht da. Vielmehr existiert eine Abfolge von Schritten, die den Bewusstseinszustand moduliert, sodass ein Mensch bisweilen in ein Stadium der Nichtbewusstheit gleiten kann. Gänzlich erloschen ist es jedoch nie, außer im Falle schwerer Hirnschäden.

Vom Quietschen einer Tür

Der Begriff Bewusstsein umfasst ganz verschiedene Aspekte. An dieser Stelle wollen wir darunter die Fähigkeit des Zentralnervensystems verstehen, sich permanent mit der Realität auseinander zu setzen. Vor dem Hintergrund des heutigen Wissens gehen wir ferner davon aus, dass jene Verarbeitungsprozesse, die uns bewussten Zugang zur Wirklichkeit verschaffen, gewisse Zeit beanspruchen. Folglich müssen die entsprechenden Daten über diese Spanne »neuronal festgehalten« werden. Nach dieser Hypothese ist Zeit für kognitive Mechanismen maßgeblich. Entsprechend sollten im Gehirn zwei Arten der Informationsverarbeitung existieren, die sich durch unterschiedliche Geschwindigkeiten auszeichnen: ein schneller, »analoger« Modus, in dem die Daten unbewusst verarbeitet werden, und ein langsamer, »kognitiver« Modus, in dem Information bewusst analysiert und dann gespeichert wird.

Das analoge System entsteht, wenn im Laufe der Reifung des Gehirns mehrere Neurone wiederholt durch denselben Reiz erregt werden; in diesem Fall verstärken sich die bestehenden Kontakte zwischen den Zellen. (Bei abweichenden Inputs dagegen werden die Verbindungen abgewandelt.) Nach einer Weile löst dann ein Reizereignis, das frühere Erfahrungen wachruft, eine Kaskade neuronaler Reaktionen aus, die diese Erfahrungen codiert. In gewisser Weise ist das vergleichbar mit einem Wassertropfen, der auf einer Glasscheibe dem Weg seiner Vorgänger folgt. Auf Grundlage dieses analogen Gedächtnisses erkennt das Gehirn einen optischen Reiz oder einen Ton augenblicklich wieder, ohne dass es ihn bewusst analysieren muss. So können wir »instinktiv« das Miauen einer Katze und das Quietschen einer Tür unterscheiden.

Für den zweiten – den kognitiven – Modus der Informationsverarbeitung bedarf es eines »Arbeitsgedächtnisses«. Allein über einen solchen Zwischenspeicher kann sich das Gehirn wenigstens zum Teil von den ihm auferlegten zeitlichen Beschränkungen freimachen, oder besser gesagt: von dem Problem, dass die Sinneseindrücke schneller einlaufen, als es sie deuten kann.

Eine Region der Hirnrinde hinter der Stirn – der präfrontale Cortex – übernimmt diese »zeitliche Organisation des Denkens«. Dort führt das Gehirn alle für das Bewältigen einer Aufgabe nötigen Daten zusammen und blendet dabei alle internen und externen Faktoren aus, welche die Kontinuität unseres Verhaltens stören könnten. Überdies sorgt die präfrontale Hirnrinde dafür, dass die gerade eingegangene Information über ▷

▶ Auch chemische Substanzen spielen für die Erlangung von Bewusstheit eine Rolle. So kommen verschiedene beteiligte Vorgänge zum Erliegen, wenn Nervenbotenstoffe wie Dopamin und Noradrenalin nicht mehr einwirken können.

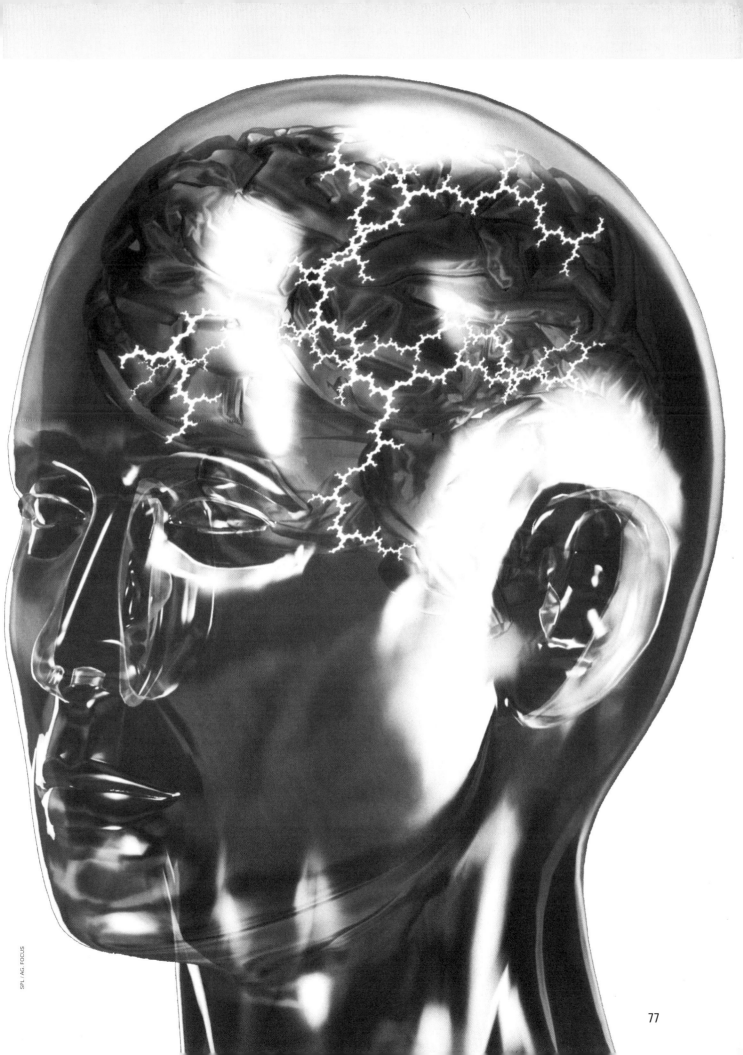

▷ ein Objekt oder eine Situation mehr als einige Hundertstelsekunden aktiv bleibt. Dies genügt, um die Wahrnehmung in das bewusste kognitive System einzuschleusen. Faktisch kann man davon ausgehen, dass das Stirnhirn die Information just so lange vorhält, bis die externen Reize aus ihrem unmittelbaren Zusammenhang entnommen, analysiert, eingeordnet und mit einer Bedeutung belegt wurden. Dann kann das Gehirn die betreffenden Daten sowohl mit früher gespeicherten Erfahrungen vergleichen als auch mit der aktuellen Situation in Beziehung setzen.

Diese im Zentralnervensystem offenbar einzigartigen Fähigkeiten machen

Ein Hirnareal kann seine Rolle nur erfüllen, wenn das Kräftespiel mit anderen es zulässt

den präfrontalen Cortex zu einem wesentlichen Element in der bewussten Verarbeitung von Informationen. Doch wie klinkt sich der präfrontale Cortex in die rein analogen, unbewussten Schaltkreise der Informationsverarbeitung ein? Die Antwort ist in der Funktion von zwei Signalstoffen von Nervenzellen zu suchen: Dopamin und Noradrenalin.

Diese Erkenntnis verdanken wir unter anderem der Arbeitsgruppe um Patricia Goldman-Rakic vom Institut für Neurobiologie der Universität Yale in New Haven (Connecticut). Sie untersuchte an Affen genauer, wie der präfrontale Cortex seine Aufgabe erfüllt. Um die Funktion dieses Hirnareals beim Tier zu studieren, wird oft ein »Test mit verzögerter Antwort« eingesetzt. Hier beobachtet beispielsweise ein Makake, wie ein Experimentator vor seinen Augen unter einem von zwei Deckeln Futter versteckt. Das Tier muss nun zehn Sekunden warten und darf dann die entsprechende Abdeckung hochheben, um sich die Belohnung zu holen. Den richtigen Deckel kann der Affe sich gewöhnlich gut merken. Wie sich zeigte, findet er ihn meist aber nicht mehr, wenn man verhindert, dass Nervenfasern aus dem unteren Bereich der Mittelhirnhaube (Area ventralis tegmentalis) ihr Dopamin abgeben. Ein lokal injiziertes Nervengift etwa erfüllt diesen Zweck.

Bei vergleichbaren Experimenten, für die das Versuchstier ebenfalls sein Arbeitsgedächtnis bemühen musste, registrierten Goldmann-Rakic und ihr Team

nun die elektrischen Signale von Zellen im präfrontalen Cortex. Das Ergebnis: Während das Tier eine Information aktiv vorhält, sind dort auch bestimmte Zellen aktiv. Die Dauer der Aktivität korreliert mit der Erfolgsquote: Sobald der Affe seine Belohnung erhalten hat, sinkt die Feuerrate dieser Zellen wieder auf den Ruhewert; verstummen sie aber schon vor Ende der Wartezeit, wählt das Tier im Allgemeinen falsch. An dieser Stelle kommt nun Dopamin ins Spiel: Die fraglichen Zellen der Mittelhirnhaube sorgen mit ihrem Dopamin dafür, dass die Nervenzellen der Hirnrinde aktiv bleiben – und somit, dass sich das Tier die richtige Abdeckung merken kann. Blockiert man nämlich spezielle Andockstellen für Dopamin – Rezeptoren vom Typ D_1 – auf den Zielzellen der Hirnrinde mit einem Hemmstoff, scheitern die Tiere beim Verzögerungstest.

Ein Hirnareal kann seine Rolle nur dann erfüllen, wenn es gegenüber anderen Regionen gewissermaßen stark genug ist, wenn also das Kräftespiel zwischen allen dies zulässt. Die präfrontale Hirnrinde steht mit mehreren tieferen – subcorticalen – Regionen in Verbindung, zum Beispiel mit dem Mandelkern, dem Hippocampus oder dem Komplex aus Septum und dem daran angelehnten Kern (dem Nucleus accumbens). Alle werden von Neuronen innerviert, die Dopamin freisetzen (siehe Grafik rechts). Der Signalstoff spielt dort jedoch nicht die Rolle eines »Neurotransmitters«, der Informationen von einer Nervenzelle zur anderen übertragen hilft, sondern die eines »Neuromodulators«: Er stärkt je nach ausgeschütteter Menge den Einfluss einer Hirnregion und etabliert so eine Hierarchie unter »dopaminerg« innervierten Strukturen.

Wenn Affen im Verzögerungstest versagen, sobald ihre Hirnrinde nicht mehr unter Dopamineinfluss steht, zeigt dies fraglos, dass sich zwischen den beteiligten Hirnarealen ein neues Kräftegleichgewicht eingestellt hat. In diesem Zustand fällt der präfrontale Cortex in seiner Rolle als Koordinator aus. Informationen werden nur noch im analogen, schnellen Modus verarbeitet und nicht mehr wie im anderen Modus auf die bewusste kognitive Schiene gelenkt.

Andere Versuche haben dieses Modell bestätigt: Sobald die Dopamin-Nerven-

zellen geschädigt sind, verliert der präfrontale Cortex seine Kontrollmöglichkeiten, durch die er sonst eine Information auf ein gewisses Niveau der Bewusstheit hebt. Dies gilt für den Menschen und wohl auch für andere Tierarten.

Hierzu zwei Beispiele. Bei Nagetieren lässt sich das Gleichgewicht zwischen Stirnhirn und den tieferen Bereichen verschieben, indem man in die Dopaminversorgung einer der Instanzen eingreift. In einem Versuch zerstörte Michel Le Moal, Leiter der INSERM-Einheit 259 an der Universität Bordeaux II, bei Ratten die untere Mittelhirnhaube. Dort liegen die Zellkörper der Dopamin-Neuronen, die ihre langen Fasern einerseits in die corticalen und andererseits in die subcorticalen Strukturen entsenden. In der Folge entwickelten die Tiere einen dauernden abnormen Bewegungsdrang. Dies lag daran, dass durch die nun fehlende dopaminerge Innervation auch die Regelkreise der Hirnrinde zur Kontrolle der Bewegungsaktivität ausfielen.

Überdies konnten die Tiere ihre Aufmerksamkeit nicht mehr bündeln und reagierten beim Test der »spontanen Alternanz« anormal. Hier hat das Tier die Wahl, den bekannten Teil eines Labyrinths erneut zu untersuchen oder sich einem unbekannten Teil zuzuwenden; als normal gilt die Entscheidung für das neue Terrain. Allgemein gesprochen kommt den Ratten offenbar die Fähigkeit abhanden, Verhalten zu unterdrücken. Dabei wiegen die Störungen umso schwerer, je stärker die dopaminerge Innervation der Hirnrinde betroffen ist.

Der Hirnrinde Befehlsgewalt entziehen

Den gleichen übermäßigen Bewegungsdrang zeigen auch Nager, denen man Drogen injiziert, wie Aufputschmittel oder Opiate. Diese Suchtstoffe stimulieren die Ausschüttung von Dopamin im Inneren der subcorticalen Strukturen. Dadurch wird die Hirnrinde überstimmt und ihr die Gewalt über die lokomotorische Aktivität entzogen. Beide Operationen – das Senken der Dopaminanlieferung im Cortex oder das Steigern in den Strukturen darunter – schaffen also ein ähnliches Ungleichgewicht, wie wenn man den Cortex von der Dopaminwirkung abkoppelt, indem man seine entsprechenden Rezeptoren blockiert. Gerade weil Rauschmittel das Gleichgewicht zu Gunsten subcorticaler Struktu-

Tauziehen der Hirnregionen

Dopamin ist für die Funktion des präfrontalen Cortex – der vorderen Hirnrinde – von elementarer Bedeutung. Er wird durch »dopaminerge« Neuronen innerviert, die im unteren Bereich der Mittelhirnhaube und in der Schwarzen Substanz sitzen. Die Zellen sorgen durch Abgabe von Dopamin dafür, dass im präfrontalen Cortex kurzzeitig gespeicherte Informationen so lange erhalten bleiben, bis sie analysiert, klassifiziert und mit Daten aus dem Gedächtnis oder der aktuellen Umgebung abgeglichen sind. Dann werden die Informationen im Gedächtnis abgelegt.

Der präfrontale Cortex ist hierbei in ein System wechselseitiger Kontrolle eingebunden (rote und grüne Pfeile), das auch »dopaminerge Nervenfasern« (rote Pfeile im Schema rechts) zu anderen Hirnstrukturen umfasst. Indem Dopamin die Aktivierung der vorderen Hirnrinde aufrechterhält, ermöglicht es die bewusste, »kognitive« Verarbeitung von Informationen. Wird seine Wirkung unterbunden, erlöschen die dort festgehaltenen Informationen zu rasch und werden nicht richtig verarbeitet.

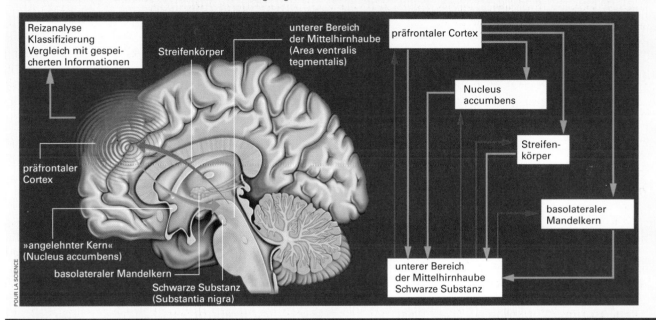

ren verschieben, dürften sie »bewusstseinsverändernde Wirkung« entfalten.

Doch nicht nur Dopamin ist an der Modulation kognitiver Prozesse beteiligt; zahlreichen Belegen nach spielt auch Noradrenalin eine Rolle. Interessant sind hier »noradrenerge« Fasern, die vom »blauen Kern« (Locus coeruleus, wörtlich: blaue Stelle) ausgehen, einer kleinen Region an der hinteren Grenze zum Mittelhirn. Diese Neuronen reagieren besonders empfindlich auf jede Neuigkeit in der Sinnesumwelt, verlieren aber »ihr Interesse«, wenn ein Ereignis mehrmals auftritt oder antizipiert wird. Wenn es darum geht, äußere Ereignisse zu verarbeiten, kommt von allen Neuromodulatoren zweifellos als erstes Noradrenalin zum Einsatz.

Verblüffendes passierte, als man bei Nagern mit geschädigtem dopaminergen System nun zusätzlich die Noradrenalin-Neuronen blockierte. Ihr Verhalten normalisierte sich wieder, nicht nur was den Bewegungsdrang anbelangt. Sie bestanden auch den Test der spontanen Alter-

nanz wieder. Wie eine weiter gehende pharmakologische Untersuchung ergab, beruht die Normalisierung des Verhaltens darauf, dass ein spezieller Typ der noradrenergen Signalleitung unterbrochen wird: die so genannte alpha1b-adrenerge Übertragung. Dass die gleichzeitige Schädigung der noradrenergen und dopaminergen Innervation die Störungen nicht verschärft, sondern sogar mildert, lässt folgenden Schluss zu: Dopaminmangel hat in Abwesenheit von Noradrenalin kaum Folgen; es ist das Noradrenalin, welches das Gleichgewicht zwischen den Hirnregionen verschiebt und das gestörte Verhalten auslöst.

Das Arbeitsgedächtnis abschalten

Die noradrenerge Signalgebung lässt sich entweder pharmakologisch unterbinden oder dadurch, dass man gleich genmanipulierte Mäuse ohne alpha1b-Rezeptoren einsetzt. Erhalten solche Mäuse Opiate oder Aufputschmittel, verschärft sich ihr Bewegungsdrang nicht. Sie werden auch nicht abhängig. Offenbar ebnet das

Noradrenalinsignal, das im Cortex über die alpha1b-Rezeptoren eingeht, den Weg dafür, dass Dopamin tiefere Strukturen aktivieren kann. Anders gesagt: Noradrenalin verschiebt das Kräftegleichgewicht von der Rinde zu den subcorticalen Regionen.

Die alpha1b-Rezeptoren sorgen vermutlich in der präfrontalen Hirnrinde somit für eine Art von Kopplung zwischen den dorthin ziehenden noradrenergen und subcorticalen dopaminergen Bahnen. Tatsächlich besitzen die so genannten Pyramidenzellen des Cortex neben D1- auch alpha1b-Rezeptoren. Werden Letztere durch Noradrenalin aktiviert, kann Dopamin seine Wirkung nicht mehr über den D1-Typ entfalten. Wenn also in der präfrontalen Hirnrinde durch ein Ereignis in der Umgebung plötzlich Noradrenalin ausgeschüttet wird, kann dies das Arbeitsgedächtnis abschalten und gleichzeitig ein neues Gleichgewicht zu Gunsten subcorticaler Strukturen herstellen. Der Neuromodulator hat damit wohl eine Art Schalter- ▷

▷ funktion, zum Beispiel angesichts einer Furcht erregenden Situation: Der Stress führt zur Freisetzung von Noradrenalin, dieses verhindert die D1-Stimulation in der Hirnrinde – und das Gehirn schaltet vom langsamen, kognitiven in den schnellen, analogen Modus der Informationsverarbeitung.

Auf diese Weise unterliegt der Denkapparat während des Wachzustandes einem dauernden Wechsel zwischen den beiden Modi. Abgesehen davon, dass hier wahrscheinlich auch die Überträgersubstanz Serotonin und entsprechende Neuronensysteme eine Rolle spielen, könnte man das Gesagte so zusammenfassen: Die alpha1b-Rezeptoren der Hirnrinde schalten das Gehirn auf unbewusst, die D1-Rezeptoren auf bewusst. Entsprechend werden dann analoge, unbewusste Gedächtnisinhalte erstellt, wenn die Stimulation der ersten Rezeptorart überwiegt. Dominiert hingegen die zweite Art, sind die Inhalte kognitiv und bewusst. Dabei kommt es darauf an, über welche Schiene ein Sinnesreiz beim ersten Mal verarbeitet und abgelegt wird, denn alle späteren identischen Erfahrungen werden mit großer Wahrscheinlichkeit denselben Weg nehmen. Eine analog gespeicherte Wahrnehmung wird also auch beim erneuten Auftreten in diesem Modus verarbeitet – was ihren unbewussten Charakter festschreibt.

Kann man aus diesen Ergebnissen etwas über die Mechanismen von psychotischen Zuständen lernen, die beispielsweise bei Schizophrenie oder manischer Depression auftreten? Immerhin ist bekannt, dass bei derartigen Störungen oft die Dopamin-Neuronen überaktiv sind, welche die subcorticalen Strukturen innervieren. Nach unserer Hypothese ist diese Hyperaktivität ein neurobiologisches Anzeichen dafür, dass bei den Betroffenen die analogen, schnellen Verarbeitungsprozesse die Oberhand gewonnen haben, verursacht insbesondere durch eine übermäßige Stimulation von alpha1b-Rezeptoren in der Hirnrinde. Anders ausgedrückt: Bei einem Psychotiker wird wahrscheinlich immer wieder auf hartnäckige Weise der bewusste Verarbeitungsmodus unterbrochen. Diese Störung dürfte auf einer Fehlregulation der Noradrenalin-Neuronen beruhen, die den präfrontalen Cortex innervieren.

Die ersten Medikamente gegen Psychosen waren in den 1950er Jahren Neuroleptika wie Haloperidol oder Chlorpro-

Schalter fürs Bewusstsein

Dopamin und Noradrenalin wirken als Neuromodulatoren auf das Bewusstsein. Dopamin von Nervenfasern, die von der unteren Mittelhirnhaube kommen (rote Pfeile links), stellt die langsame, kognitive Verarbeitung von Informationen im präfrontalen Cortex sicher. Noradrenalin dagegen, das von Zellen des »blauen Kerns« an den Cortex abgegeben wird (blaue Pfeile links), fördert die schnelle, analoge Verarbeitung, die dem Bewusstsein nicht zugänglich ist. Jede Substanz entfaltet ihre Wirkung über spezielle Andockstellen im präfrontalen Cortex.

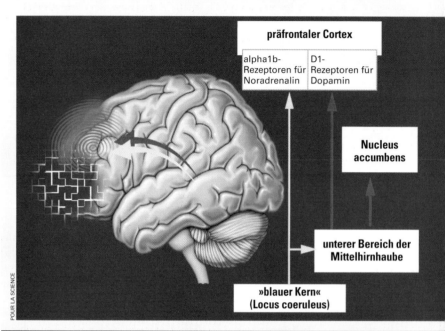

POUR LA SCIENCE

präfrontaler Cortex

alpha1b-Rezeptoren für Noradrenalin | D1-Rezeptoren für Dopamin

Nucleus accumbens

unterer Bereich der Mittelhirnhaube

»blauer Kern« (Locus coeruleus)

mazin. Sie blockieren die Dopamin-Rezeptoren, aber solche vom Typ D2, die vor allem in den tieferen Regionen vorkommen. Auf diesem Weg verhindern diese Pharmaka eine allzu große Reaktivität des Dopaminsystems, wobei sie jedoch nicht die Ursachen der Krankheit bekämpfen, sondern nur ihre Auswirkungen.

Schizophrenie mildern

Eine neuere Generation von antipsychotischen Wirkstoffen kam mit der Erkenntnis auf, dass die Substanz Clozapin therapeutisch gut greift, aber dabei die D2-Rezeptoren relativ wenig blockiert. Solche Antipsychotika unterbrechen mehrere »monoaminerge« Signalwege, die als Botensubstanzen so genannte Monoamine wie Serotonin, Noradrenalin, Histamin und Dopamin nutzen. Besonders wichtig erscheint hier die Blockade der Serotoni-Rezeptoren vom Typ 5-HT2A. Zugleich knebeln die Substanzen aber auch hervorragend die alpha1b-Rezeptoren. Diese Eigenschaft könnte zu ihrer therapeutischen Wirkung beitragen.

Die neueren Wirkstoffe sind therapeutisch vor allem deshalb interessant, weil sie schon vor der dopaminergen Signalübertragung eingreifen, die in den tieferen Regionen stattfindet. Sie haben daher nicht die Nebenwirkungen der Neuroleptika; diese blockieren die Dopamin-Rezeptoren in eben diesen Bereichen und führen so unter anderem zu erhöhter Muskelsteifheit. Zusammenfassend könnte man sagen: Indem die neueren Antipsychotika eine mäßige Aktivierung der alpha1b-Rezeptoren in der Hirnrinde der Patienten verhindern, begünstigen sie dort die Signalübertragung über die Dopamin-Rezeptoren vom D1-Typ. Auf diese Weise könnten sie dem Arbeitsgedächtnis und damit dem bewussten kognitiven Modus ermöglichen, ohne Störeinflüsse oder unerwünschte Unterbrechungen zu funktionieren.

Wie steht es nun um die Chemie des Bewusstseins beim Schlaf? Sobald wir in Morpheus Arme sinken, nimmt die elektrische Aktivität noradrenerger und serotonerger Zellen ab – umso weiter, je tiefer wir schlafen. Sobald die REM-Phase einsetzt – benannt nach den typischen ruckartigen Augenbewegungen, englisch *rapid eye movements* –, stellen die beiden Neuronentypen ihre Tätigkeit vollständig ein. Damit können andere, nichtmodulatorische Zellen aktiv werden: die »REM-on-Zellen«.

Was die Dopamin-Neuronen angeht, so reagieren diese je nach Zielregion unterschiedlich auf den Übergang vom Wachen zum Schlafen: Wenn die Zellen die tieferen Regionen innervieren, bleiben sie nahezu unverändert aktiv; wenn sie sich dagegen zur Hirnrinde erstrecken, scheinen sie einigen experimentellen Befunden zufolge zu verstummen – genau wie die Noradrenalin- und Serotonin-Neuronen. Demnach untersteht die gesamte Hirnrinde während des Tief- und Traumschlafs nicht mehr der Kontrolle der modulatorischen Nervenzellen. Dies bedeutet, dass ihr präfrontaler Teil während der Nacht seine Funktion als Koordinator aufgeben muss. Einerseits passt dies genau zur Erfahrung, dass wir während des Schlafs das Bewusstsein verlieren, andererseits scheint es der gängigen Vorstellung zu widersprechen, dass wir gerade im REM-Schlaf träumen, was ein gewisses Niveau der Bewusstheit erfordert.

Träumendes Bewusstsein

Zwar fällt das Traumerleben nicht exakt unter unsere Definition von Bewusstsein, da man sich im Schlaf nicht mit der realen Umgebung auseinander setzt, sondern mit Signalen, die durch die spontane Aktivität der REM-on-Zellen entstehen und dann auf die Hirnrinde treffen. Im Wachzustand werden nämlich Neuronen des Thalamus, eines wichtigen Schaltzentrums im Zwischenhirn, durch Sinnesreize angeregt. Während des Traumschlafs dagegen übernehmen die charakteristischen Entladungsmuster der REM-on-Neuronen diese Rolle. Die Thalamuszellen wiederum desynchronisieren – wie beim Wachzustand – die Wellen des Elektroencephalogramms (EEG). Darin ähneln sich Wachzustand und Schlaf also (siehe Grafik S. 16).

Wie kann es aber in der REM-Phase Bewusstsein geben – selbst wenn es nur traumartig ist –, obgleich die Hirnrinde nicht unter dem Einfluss einer modulatorischen Aktivität steht? Meines Erachtens ist es nicht richtig, die REM-Phase mit »dem Traumstadium« gleichzusetzen. Da die modulatorischen Nervenzellen

während dieser Schlafphase verstummen, ist jede Art bewussten Denkens und damit auch Träumen unmöglich. Zwar sind die Neuronen der Hirnrinde elektrisch aktiv, aber die entsprechenden Verarbeitungsprozesse laufen einfach zu schnell ab, als dass sie uns zugänglich wären.

Doch wann träumen wir dann überhaupt? Etwa während des Tiefschlafs, wie manche Hinweise vermuten lassen? Auch hier glaube ich eine Antwort zu wissen. Heute ist bekannt, dass die Aktivität der modulatorischen Nervenzellen einige Sekunden vor dem Erwachen wieder einsetzt. In dieser Spanne werden in der Hirnrinde massiv Monoamine ausgeschüttet, um die Rückkehr zur bewussten Informationsverarbeitung einzuleiten. Außerdem werden die Schlafperioden bei Säugetieren und damit auch beim Menschen immer wieder von ganz kurzen Aufwachphasen unterbrochen, dem so genannten Mikroerwachen. Dieser Vorgang dauert je nach Person verschieden lang, jedoch maximal einige Sekunden, und kann sich bei einem guten Schläfer in einer Nacht rund zehnmal wiederholen.

Während des Schlafes arbeitet das Gehirn zwar im analogen, schnellen Modus, sodass wir uns der geleisteten Informationsverarbeitung nicht bewusst sind. Doch sowohl bei einem Mikroerwachen als auch beim normalen Aufwachen springen die modulatorischen Neuronen plötzlich an, und die gerade ablaufenden Prozesse der Informationsverarbeitung werden abrupt »abgebremst«. Die Folge: Wir sehen Bilder und haben bewusste Empfindungen. Demnach entstünde ein Traum dadurch, dass kurz vor dem Aufwachen aktivierte Erinnerungen in eine bewusste Form umgesetzt werden. Als Übergangsphänomen dauert dieser Vorgang natürlich nicht lange; nach einigen Hundertstelsekunden ist er bereits wieder beendet.

Vor diesem Hintergrund lässt sich der oftmals bizarre Charakter von Träumen folgendermaßen erklären. Im stabilen Wachzustand springt unser Denken zwischen schneller analoger und langsamer bewusster Informationsverarbeitung hin und her: Außer bei Versehen oder Prozessfehlern hat es im kognitiven Modus also ausreichend Zeit, unseren Handlungen und Gedanken Kohärenz zu verleihen. In der Aufwachphase funktioniert aber genau diese Steuerung noch nicht.

Wenn uns ein Traum länger erscheint, als er wirklich dauert, liegt dies insbesondere daran, dass das Zeitgefühl im analogen Verarbeitungsmodus nicht funktioniert und beim plötzlichen Übergang in den kognitiven, bewussten Modus diesen Parameter nicht vermitteln kann. Stellen Sie sich vor, sie würden in einem dunklen Zimmer ohne besondere Kennzeichen aufwachen – Sie wüssten nicht, ob sie einige Minuten oder drei Stunden geschlafen haben.

Indem Neurophysiologen ihre Versuchspersonen wecken, rufen sie den Traum erst hervor

Jedes Aufwachen, ob spontan oder von außen initiiert, kurz oder lang, kann also von einem Traum begleitet sein. Dies erklärt zweifellos Berichte von Träumen auch außerhalb der REM-Phase, in der das EEG ja erst recht nicht mehr an den bewussten Wachzustand erinnert. Indem Neurophysiologen Versuchspersonen aufwecken, sei es nun aus dem REM- oder dem Nicht-REM-Schlaf, rufen sie selbst diesen Traum hervor. Sie aktivieren plötzlich die modulatorischen Neuronen und verschaffen so den gerade während des Schlafs verarbeiteten Erinnerungen einen bewussten Ausdruck.

Wie unser kurzer Ausflug in die Chemie des Bewusstseins zeigt, wirken Neuronensysteme, die sich der Signalmoleküle Dopamin, Noradrenalin und wahrscheinlich auch Serotonin bedienen, modulierend auf unseren Bewusstseinszustand. Solche Erkenntnisse tragen dazu bei, dem Phänomen Bewusstsein einige seiner Rätsel zu entreißen. ◁

Jean-Pol Tassin ist Neurobiologe am Collège de France in Paris, einer bedeutenden Einrichtung der Grundlagenforschung, die Vorlesungen für jedermann anbietet. Zudem gehört Tassin der Einheit U114 des Institut National de la Santé et de la Recherche Médicale (INSERM) an.

Gehirn und Verhalten. Von M. Pritzel et al. Elsevier/SAV, Heidelberg 2003

Alpha1b-adrenergic receptors control locomotor and rewarding effects of psychostimulants and opiates. Von C. Drouin et al. in: Journal of Neurosciences, Bd. 22, S. 2873, 2002

Norepinephrine-dopamine interactions in the prefrontal cortex and ventral tegmental area: relevance to mental diseases. Von J.-P. Tassin in: Advances in Pharmacology, Bd. 42, S. 712, 1998

AUTOR UND LITERATURHINWEISE

BEWUSSTSEIN

Wie bewusstlos ist bewusstlos?

Es ist äußerst schwierig festzustellen, ob bei einem Menschen im Koma noch Spuren von Bewusstsein vorhanden sind. Ärzte bedienen sich daher bildgebender Verfahren, um den Zustand solcher Patienten zu beurteilen.

Von Steven Laureys, Marie-Élisabeth Faymonville und Pierre Maquet

Dank des medizinischen Fortschritts, insbesondere bei den Reanimationsverfahren und der Intensivversorgung, überleben immer mehr Menschen selbst massive Schädigungen des Gehirns, etwa nach einem Unfall oder Schlaganfall. Einige Patienten erwachen innerhalb weniger Tage wieder aus dem Koma. Andere durchlaufen ganz allmählich verschiedene Phasen, bevor sie ihr Bewusstsein teilweise oder völlig wiedererlangen. Bei wieder anderen kommt schließlich jegliche Hirntätigkeit zum Erliegen – sie sind hirntot. Die Lebenszeichen von Komapatienten zu interpretieren, zweifelsfrei Hinweise auf bewusste Wahrnehmung und bewusstes Verhalten zu entdecken, ist für Reanimationsärzte oft schwierig. Nicht selten kommen Fehldiagnosen vor.

Die erhaltenen geistigen Funktionen lassen sich vor allem deshalb schwer objektiv einschätzen, weil bei einem Hirnschaden oft auch die Motorik versagt, die zu kommunizieren erlaubt. Überdies ist Bewusstsein nicht einfach da oder nicht da. Vielmehr handelt es sich eher um ein graduelles Phänomen. Wie also den Bewusstseinszustand eines Patienten einschätzen, nach welchen Kriterien ihn definieren? Welche Beziehung besteht zwischen einem bestimmten Zustand und bestimmten klinischen Symptomen eines gravierenden Hirnschadens, zwischen einer beobachteten Funktionsstörung und der betroffenen anatomischen Struktur?

Wie weit können bildgebende Verfahren wie etwa die Positronen-Emissionstomografie (PET) bei der Beurteilung helfen?

In der Klinik unterscheidet man fünf Kategorien von Patienten mit schweren Hirnschäden, die jeweils unterschiedlich bewusst, wach und kommunikationsfähig sind:

▶ **Menschen im tiefen Koma:** weder wach noch bewusst

▶ **vegetative Patienten:** wach, aber ohne Bewusstsein, also im Wachkoma

▶ **Personen mit Minimalbewusstsein:** wach und mit vorübergehenden Anzeichen für Bewusstsein

▶ **Menschen mit »Locked-in-Syndrom«:** wach und bei Bewusstsein, aber vollkommen körperlich gelähmt

▶ **Hirntote:** die Gesamtfunktion des Gehirns ist irreversibel erloschen, der Patient wird noch künstlich beatmet.

Uns interessiert, wie das Gehirn in den jeweiligen Zuständen funktioniert, wenn überhaupt. Unser besonderes Augenmerk gilt dabei dem Wachkoma. Zum einen stellt es aus medizinischer Sicht ganz besondere Anforderungen, sowohl hinsichtlich der Diagnose und der Vorhersage des Krankheitsverlaufs, als auch bei der Behandlung und Pflege der Betroffenen. Zum anderen lässt sich an vegetativen Patienten das menschliche Bewusstsein untersuchen, vor allem seine neurale Basis identifizieren. Obwohl ihr Bewusstsein nicht funktioniert, sind sie nämlich im Gegensatz zu Komapatienten wach.

Generell versteht man unter Bewusstsein das Wissen um die Umwelt und um die eigene Person. Man kann dieses Phänomen jedoch weiter unterteilen. Zunächst gibt es ein Bewusstsein von etwas, das auf mich einwirkt. So ist man sich beispielsweise des Stuhles bewusst, auf dem man sitzt. Des Weiteren kann man sich der eigenen Person bewusst sein. Dieses so genannte Ich-Bewusstsein erscheint beim Menschen im Alter von etwa 15 Monaten. Das Kind erkennt sich dann im Spiegel. Auch Schimpansen und Delfine verfügen offenbar über diese »Ich-Vorstellung« (siehe den Beitrag S. 26). Im Alter von etwa vier Jahren erscheint dann ein »Bewusstsein vom Ich-Bewusstsein«, also eine spezielle Form des reflexiven Bewusstseins. Die Kinder verstehen sich nunmehr als Person in einem sozialen oder kulturellen Umfeld. Für einen Klinikarzt wiederum ist Bewusstsein an zwei Kriterien gebunden: Wachsein und Wahrnehmung der Umwelt (siehe Abbildung S. 85).

Das Wachen ähnelt in gewisser Weise dem Bewusstsein. Es ist ebenfalls ein Kontinuum ineinander übergehender Zustände, vom Tiefschlaf bis zur völligen Präsenz, und kein Alles-oder-Nichts-Phänomen: Wir bleiben auch im Schlaf für Umgebungsreize empfänglich; ein ▷

▶ Je nach Verfassung kann ein komatöser Patient das Bewusstsein wiedererlangen, als ob jemand das Licht in seinem schlafenden Gehirn eingeschaltet und damit die Funktion der neuronalen Schaltkreise wiederhergestellt hätte.

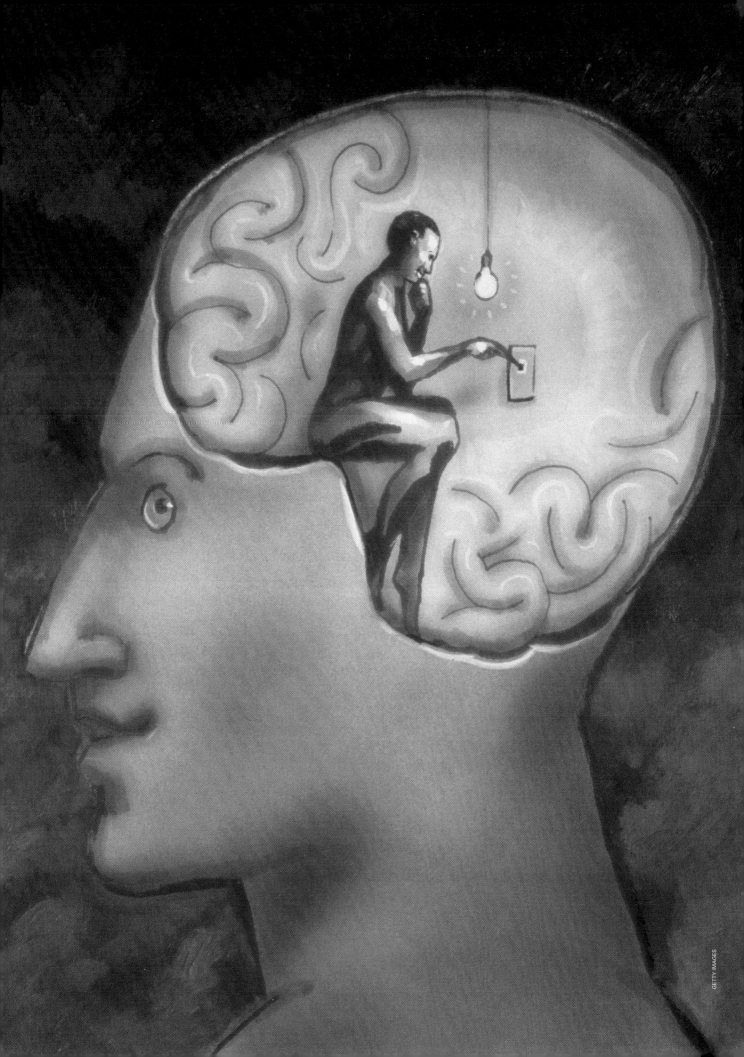

▷ starker, unerwarteter oder ganz neuartiger Stimulus kann uns aufwecken. Die so genannte Vigilanz besteht im Schlaf also fort. In der Praxis betrachtet man einen Patienten dann als wach, wenn er spontan längere Zeit die Augen offen hält; als Richtwert gelten hier mindestens zehn Minuten.

Die Abwesenheit des Wachseins

Das zweite Kriterium – das so genannte perzeptive Bewusstsein – betrifft die Fähigkeit, die Umwelt wahrzunehmen, und die Bereitschaft, mit ihr in Kontakt zu treten. Man muss also bei jedem schwer hirngeschädigten Patienten, gleich in welchem Stadium, regelmäßig gründlich untersuchen, ob er reproduzierbar, willentlich, adäquat und längere Zeit auf Hör-, Berühr- und Sehreize reagiert.

Das Koma lässt sich als »Abwesenheit des Wachseins« und damit auch des Bewusstseins charakterisieren. Der Schlaf-Wach-Rhythmus fehlt, und anders als im Schlaf erwacht der Patient auf Reize nicht. Er liegt mit geschlossenen Augen da und bemerkt weder, was in seiner Umgebung vor sich geht, noch was mit ihm selbst passiert. Nur die Reflexe funktionieren noch. Normalerweise aktiviert das so genannte retikuläre System (Formatio reticularis; siehe Abbildung unten) das Gehirn. Dieses Nervennetz, das sich durch das verlängerte Rückenmark bis ins Zwischenhirn erstreckt, reguliert unter anderem den Wach-Schlaf-Zustand und die Aufmerksamkeit. So bombardiert es die Hirnrinde mit Informationen, die uns wach halten. Im Koma dagegen erfüllt es diese Aufgabe nicht mehr. Von einer Ohnmacht, einer Gehirnerschütterung oder anderen Arten zeitweisen Bewusstseinsverlustes wird der Zustand durch seine Dauer abgegrenzt: Man spricht erst dann von Koma, wenn der Patient länger als eine Stunde keine Reaktion mehr zeigt. Im Allgemeinen beginnt der Betreffende innerhalb von zwei bis vier Wochen wieder zu erwachen und zu genesen – wenn er nicht dann im Stadium des Wachkomas oder Minimalbewusstseins stehen bleibt.

Ein Patient kann aus verschiedenen Gründen ins Koma fallen, zum einen durch eine diffuse Schädigung der Hirnrinde beider Hirnhälften oder der »weißen Substanz«. Weiß erscheinen Bereiche, wo die »Kabel« der Neuronen verlaufen; grau wirken hingegen Zonen wie die Hirnrinde, wo sich die Zellkörper von Neuronen konzentrieren. Zum anderen kann der Hirnstamm in einer Weise geschädigt sein, dass das Aktivierungssystem der Reticularformation ausfällt.

Wie man inzwischen weiß, funktioniert das Gehirn von Komapatienten »in Zeitlupe«. Feststellen lässt sich dies mit Hilfe der Positronen-Emissionstomografie (PET), die den Glucoseverbrauch des Gehirns und auf diesem Weg das Aktivitätsniveau erfasst. Das Verfahren nutzt eine spezielle Form radioaktiv markierten Traubenzuckers. Bei Komapatienten, die ein Hirntrauma oder einen Schlaganfall erlitten haben, ist der Gesamtumsatz an Glucose in der grauen Substanz um vierzig bis fünfzig Prozent reduziert. Geht das Koma dagegen auf Sauerstoffmangel zurück, bleibt der Hirnstoffwechsel oft unter 25 Prozent des Normalmaßes. Allerdings lassen sich auf Grundlage solcher Werte nicht die Genesungschancen voraussagen.

Sparschaltung

Man sollte dazu wissen, dass der Stoffwechsel im Gehirn nicht nur beim Koma global abfällt. So verbraucht unser Denkorgan bei einer Narkose mit dem gängigen Wirkstoff Propofol bis zu 70 Prozent weniger Glucose als sonst. Um die 60 Prozent weniger sind es bisweilen sogar im Schlaf außerhalb der Traumphasen. Demnach ist ein niedriger Stoffumsatz nicht zwangsläufig etwas Unumkehrbares – schließlich wachen wir nach einer Betäubung oder nach dem Schlafen wieder auf.

Ein Komapatient erwacht nicht immer zum vollen Bewusstsein. Als »minimal bewusst« bezeichnet man Menschen, die nur eingeschränkt Anweisungen folgen oder kommunizieren können. Im Gegensatz zu Komapatienten zeigen sie in Ansätzen reproduzierbare Reaktionen, die davon zeugen, dass sie sich ihrer selbst und der Umgebung bewusst sind. Die Patienten fixieren zum Beispiel Ob-

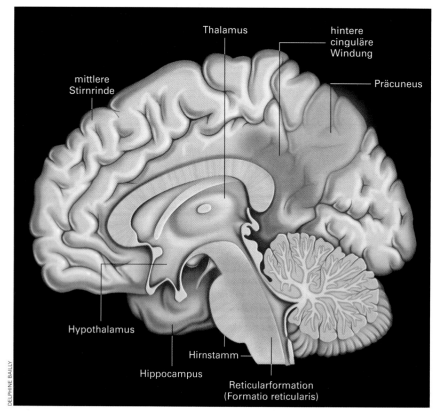

Thalamus

hintere cinguläre Windung

mittlere Stirnrinde

Präcuneus

Hypothalamus

Hirnstamm

Hippocampus

Reticularformation (Formatio reticularis)

DELPHINE BAILLY

◁ Für das Bewusstsein wesentliche Hirnregionen sind die Reticularformation und der Thalamus, darüber hinaus die Assoziationsareale, von denen die mittlere Stirnrinde, die hintere cinguläre Windung und der Präcuneus eingezeichnet sind. Im Koma ist die Reticularformation oder der gesamte Cortex gestört, im Wachkoma die Gesamtheit der Assoziationsregionen, im Fall des Minimalbewusstseins vor allem die mittlere Stirnrinde und beim so genannten Locked-in-Syndrom ein Teil des Hirnstamms.

Stufen des Bewusstseins

Bewusstsein hat zwei Voraussetzungen: Das Individuum muss wach sowie seiner selbst und der Umgebung bewusst sein. Abnehmende Wachheit und Bewusstheit sind hier durch das Farbspektrum von Rot nach Violett symbolisiert. Im normalen Wachzustand sind beide Kriterien maximal erfüllt: Der Mensch ist bewusst. Im Schlaf außerhalb der Traumphasen, unter Narkose oder im Koma sind beide minimal. Die Person hat kein Be-

wusstsein. Im Wachkoma ist der Betreffende wach, sich aber weder seiner selbst noch seiner Umgebung bewusst. Eine Person im Zustand des Minimalbewusstseins ist wach und zeigt von Zeit zu Zeit Anflüge bewussten Verhaltens. Auch ein Mensch mit Locked-in-Syndrom ist wach und bei vollem Bewusstsein, kann jedoch nur unter größten Schwierigkeiten kommunizieren, da er komplett gelähmt ist.

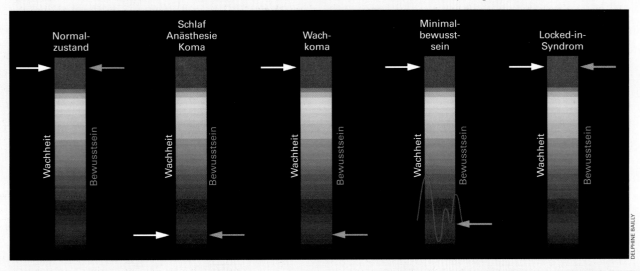

jekte, und auf bestimmte Stimuli reagieren sie mit Emotionen oder mit Bewegungen. So beginnen sie etwa zu weinen, wenn sie die Stimme eines Verwandten hören, handhaben Gegenstände, geben Laute von sich oder drücken sogar mit einer Geste ja oder nein aus.

Gerade das Minimalbewusstsein stellt Ärzte vor große Schwierigkeiten. Die diagnostischen Kriterien für diesen Zustand wurden erst vor kurzem aufgestellt, und daher ist noch wenig über die entsprechenden neurophathologischen Vorgänge bekannt. Auch Daten von funktionellen bildgebenden Versuchen existieren hierfür noch kaum. Immerhin ist bekannt, dass das Schweigen der Patienten im Allgemeinen auf einer beidseitigen Schädigung des frontalen Cortex beruht, und zwar in seinen mittleren Bereichen. Als frontalen Cortex bezeichnet man die hinter Stirn und Augen gelegenen Regionen der Hirnrinde. Die generelle Regungslosigkeit der Patienten scheint auf einer unzureichenden Aktivierung der Hirnrinde zu beruhen, und hieran sind wiederum Veränderungen in den Schaltkreisen schuld, welche die Reticularformation mit der Hirnrinde und dem limbischen System verbinden, das sozusagen unser emotionales Gehirn darstellt.

Ganz anders verhält sich die Sache beim Locked-in-Syndrom. Geprägt wurde diese Bezeichnung 1966 von Fred Plum und Jérôme Posner von der Universität New York. Sie umschrieben damit bildhaft den Zustand von Menschen, die gewissermaßen im eigenen Körper »eingesperrt« sind – englisch: *locked in*. Am ganzen Körper gelähmt können die Patienten weder ihre Gliedmaßen bewegen noch die zum Sprechen nötige Muskulatur. Im Gegensatz zum Minimalbewusstsein funktionieren hier Wahrnehmung und Denken.

Das Augenzwinkern im »Graf von Monte Christo«

Die erste Beschreibung des Syndroms stammt aus dem 1844 erschienenen Roman »Der Graf von Monte Christo« von Alexandre Dumas. Auf seiner Suche nach Rache kommt der Graf zu Noirtier de Villefort, dessen Sohn in ihn seinerzeit mit ins Gefängnis brachte. Infolge eines Schlaganfalls kann der alte Mann nur noch dadurch kommunizieren, dass er mit den Augen zwinkert: »Herr Noirtier lag unbeweglich wie ein Leichnam da, aber mit seinen intelligenten und lebendigen Augen betrachtete er seine Kinder, deren zeremoniöse Ehrerbietung ihm ir-

gendein unerwartetes offizielles Vorsprechen ankündigte. Der Gesichtssinn und das Gehör waren die zwei einzigen Sinne, die immer noch, gleichsam zwei Funken, diese menschliche Masse belebten, die bereits zu drei Vierteln für das Grab hergerichtet war. [...] Gewiss, die Gesten der Arme, der Klang der Stimme und der Ausdruck des Körpers fehlten, aber jenes machtvolle Auge ersetzte alles: Er gab seine Befehle mit den Augen, er bedankte sich mit den Augen. Er war ein Leichnam mit lebendigen Augen, und nichts war manchmal erschreckender als dieses steinerne Gesicht, dessen obere Partie vor Ärger entbrannte oder vor Freude strahlte. Nur drei Personen verstanden diese Sprache des bedauernswerten Gelähmten. [...] Valentine ging ein Wörterbuch holen, das sie auf ein Pult vor Noirtier legte. Sie öffnete es, und als sie sah, dass der Blick des Alten auf die Seiten gerichtet war, begann sie, ihren Finger rasch die Spalten von oben nach unten zu bewegen. Beim Wort Notar gab ihr Noirtier das Zeichen anzuhalten.«

Vier Jahre später veröffentlichte Émile Zola sein Werk »Thérèse Raquin«. Die junge Frau war ebenfalls gelähmt und verständigte sich mit Hilfe ihrer Augen. Die anderen mussten erraten, was ▷

▷ sie sagen wollte. Zu jener Zeit dürften Patienten, die durch eine gefäßbedingte Schädigung des Hirnstamms gelähmt waren, bald gestorben sein. Inzwischen können sie dank des medizinischen Fortschritts lange weiter leben – fast 30 Jahre sind es nun in einem Fall. In jüngerer Zeit haben beispielsweise zwei französische Patienten ihre Erfahrung in Buchform verarbeitet. Jean-Dominique Bauby buchstabierte mit winzigen Bewegungen eines seiner Augenlider »Schmetterling und Taucherglocke«, Philippe Vigand diktierte mit Hilfe eines Computers und einer Kamera, die seine Augenbewegungen erfasste, »Verdammte Stille«.

Äußerlich gleichen Menschen mit Locked-in-Syndrom Personen im vegetativen oder minimal bewussten Zustand: Sie liegen stumm und fast reglos scheinbar unbeteiligt da. Da der hintere Teil ihres Mittelhirns erhalten ist, sind sie jedoch bei Bewusstsein und können noch die Augen in vertikaler Richtung bewegen und mit den Lidern schlagen. Die Patienten sind also im Stande, Weisungen Folge zu leisten und – etwa durch eine Art Morsen mit den Augenlidern oder mit technischer Hilfe – einem Gesprächspartner zu antworten.

Wir möchten betonen, dass Menschen mit Locked-in-Syndrom sehr oft großen Lebenswillen zeigen und gegebenenfalls reanimiert werden wollen – obwohl sie sich bewusst sind, dass sie den Rest ihrer Jahre mit größter Sicherheit vollständig gelähmt bleiben werden.

Ein Locked-in-Syndrom kann bei einer Degeneration der motorischen Nervenzellen auftreten, die wiederum unterschiedliche Ursachen hat. Etwas Ähnliches kann übrigens auch beispielsweise vorübergehend bei einer unsachgemäßen Narkose passieren. In diesem

GLOSSAR

▶ **tiefes Koma:** weder wach noch bewusst

▶ **Wachkoma:** wach, aber ohne Bewusstsein; auch vegetativer Zustand genannt

▶ **Minimalbewusstsein:** wach und mit vorübergehenden Anzeichen für Bewusstsein

▶ **Locked-in-Syndrom:** wach und bei Bewusstsein, aber körperlich vollkommen gelähmt

▶ **hirntot:** die Gesamtfunktion des Gehirns ist irreversibel erloschen, der Patient wird noch künstlich beatmet

Fall schläft der Patient nicht ein, sondern ist durch die zusätzlich eingesetzten Muskelrelaxantien nur paralysiert. Er ist sich genau bewusst, was um ihn herum geschieht, vermag es dem Anästhesisten jedoch infolge der Lähmung nicht mitzuteilen. Solche Substanzen blockieren am Muskel die Übertragung von Nervenbefehlen.

Gefangene eines reglosen Körpers

Wie helfen bildgebende Verfahren, das Syndrom von anderen Zuständen abzugrenzen? Bei der Kernspintomografie zeigen sich im Allgemeinen isoliert liegende Schadstellen im unteren Bereich der Brücke, einer Region des Hirnstamms. Sie können von einem Gefäßverschluss herrühren, einem Trauma, einer Hirnblutung, einer Infektion oder einem Tumor. Auch das Kleinhirn kann betroffen sein (siehe Abbildungen S. 88).

Was die Methoden zur Ermittlung der neuronalen Aktivität angeht, so vermag das Elektroencephalogramm nicht zuverlässig zwischen Locked-in-Syndrom und vegetativem Zustand zu unterscheiden. Die Positronen-Emissionstomografie (PET) dagegen hat gezeigt, dass der Hirnstoffwechsel beim Locked-in-Syndrom intensiver ist als beim Wachkoma. In zwei von uns untersuchten Fällen lag der Verbrauch an Glucose in der grauen Substanz des Großhirns sogar genauso hoch wie bei Gesunden. Bei allen getesteten Eingeschlossenen waren, wie die bildgebenden Verfahren zeigten, die Verarbeitung von Sinneseindrücken und die kognitiven Funktionen intakt. Wenn es dennoch nötig war, bestätigten die Resultate die schreckliche Lage dieser Menschen: Sie sind sich ihrer selbst und der Umgebung vollkommen bewusst – und gleichzeitig Gefangene eines reglosen Körpers.

Eine nicht minder schreckliche Vorstellung ist, einen Menschen für tot zu erklären, wenn er es gar nicht ist. Heute geht man allgemein davon aus, dass der Hirntod den endgültigen Tod des Menschen besiegelt. Mehrere Staaten haben Richtlinien für seine Diagnose herausgegeben, denn nur einer für hirntot erklärten Person dürfen Organe zur Verpflanzung entnommen werden. Die offiziellen Kriterien für den Hirntod unterscheiden sich jedoch von Land zu Land. In einigen Staaten genügt es, dass der Hirnstamm keinerlei Aktivität mehr zeigt. In anderen muss der Tod des gesamten Gehirns festgestellt werden.

Die klinischen Anzeichen des Hirntodes sind jedoch allgemein anerkannt: das Aussetzen jeglicher Reflexe, insbesondere der selbstständigen Bewegungen der Atemmuskulatur, wodurch ein Atemstillstand eintritt. Unterschiede bestehen aber in den Methoden zur Bestätigung der klinischen Zeichen anhand der Hirnfunktion selbst. Vielerorts wird ein Elektroenzephalogramm verlangt. Dieses muss eine »totale elektrische Stille« im Cortex anzeigen. In bestimmten Ländern sind andere

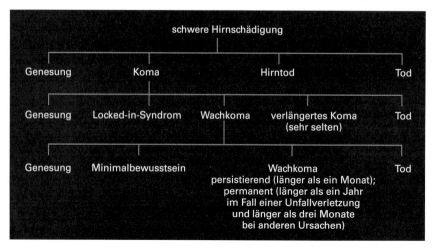

◀ Eine schwere Schädigung des Gehirns kann ein Koma verursachen. Dieses wiederum kann in andere Zustände münden, darunter ein Wachkoma und ein minimal bewusster Zustand. Auf allen Ebenen besteht die Möglichkeit, dass sich der Zustand verbessert, aber auch verschlechtert.

Wie aktiv eine Hirnregion ist, zeigt ihr Verbrauch an Glucose, also Traubenzucker. Die Stoffwechsel im Wachkoma ist meist um rund 60 Prozent verlangsamt. Wenn Patienten genesen, was manchmal geschieht, steigt der Energieumsatz im Gehirn. So kehrte bei einem Patienten das Bewusstsein genau in dem Augenblick zurück, als die Hirnscanns ein Ansteigen der Stoffwechselaktivität in Assoziationsregionen des Scheitellappens zeigten (Pfeile).

Mittelwert gesunder Personen

Mittelwert von Personen im Wachkoma

Patient, der sein Bewusstsein wiedererlangt

neurophysiologische Tests vorgeschrieben, insbesondere die Messung des Blutflusses, die bestätigen soll, dass das Gehirn nicht mehr durchblutet wird. Dabei zeigen die verschiedenen bildgebenden Verfahren jeweils dasselbe: einen Kopf voll stummer Neuronen, die den Tod des Gehirns bestätigen.

Einen eigenartigen Zustand haben wir bisher ausgespart: das Wachkoma. Im Jahre 1972 haben Brian Jennett an der Universität Glasgow (Großbritannien) und Fred Plum, heute an der Cornell-Universität in Ithaca (US-Bundesstaat New York), diesen als »Wachsein ohne Wahrnehmung« umschrieben. Manchmal bezeichnet man die unbewussten, mit weit offenen Augen daliegenden Patienten auch als »Zombies«.

Schreien und Lächeln – aber keine Empfindungen

Jeder, der zwar auf diese Weise »physisch« lebt, dabei aber keine geistige Aktivität zeigt und keinen Kontakt zu anderen aufnehmen kann, befindet sich im Wachkoma. Der Körper entwickelt sich und funktioniert, aber er hat keine Empfindungen und Gedanken.

Dauert dieser vegetative Zustand länger als einen Monat, bezeichnet man ihn als »persistent«. Dabei ist es irrelevant, ob er durch einen schweren Unfall – ein »Trauma«, wie Ärzte sagen – oder durch eine andere Schädigung des Gehirns verursacht wurde. Ein Patient in dieser Lage kann durchaus wieder genesen. Besteht das vegetative Koma mehr als drei Monate über eine nicht-traumatische Hirnschädigung oder mehr als zwölf Monate über ein Trauma hinaus, spricht man von einem »permanenten« Zustand. Diese Patienten erwachen erfahrungsgemäß kaum mehr aus ihrem Dahindämmern; ganz selten ist

jedoch selbst nach so langer Zeit eine Erholung möglich.

Patienten im Wachkoma atmen immer noch selbstständig und ihre Reflexe sind intakt. Die Pupille zieht sich zusammen, wenn man sie grell beleuchtet, die Lider schließen sich, wenn man die Hornhaut der Augen antippt, und sie würgen, wenn man sie im Rachen berührt. Zu manchen Zeiten haben sie die Augen geschlossen und scheinen zu schlafen. In diesen Phasen lassen sie sich beispielsweise durch einen Schmerzreiz oder durch Geräusche aufwecken. Dann öffnen und bewegen sie die Augen, ihre Atem- und Herzfrequenz sowie ihr Blut-

druck steigen und manchmal verziehen sie das Gesicht oder zucken zurück. Die Patienten zeigen jedoch auch eine ganze Reihe spontaner Regungen. Manchmal bewegen sie in unkoordinierter Weise Rumpf und Gliedmaßen, manchmal kauen sie, knirschen mit den Zähnen oder schlucken. Sie können wütend erscheinen, sie können weinen, brummen, stöhnen, schreien und sogar lächeln – aber sie tun dies ohne Anlass, ohne Bezug zu einem Reiz, der diese Reaktionen hätte hervorrufen können. Derartiges Verhalten beobachtet man übrigens auch bei einer anderen Gruppe von Patienten, die wach sind, jedoch kein perzeptives ▷

▷ Bewusstsein besitzen: bei Kindern, die praktisch ohne Gehirn geboren wurden.

Eines der allererersten und häufigsten klinischen Anzeichen dafür, dass ein Patient vom vegetativen in den bewussten Zustand zurückkehrt, besteht darin, dass er plötzlich Objekte fixiert und mit den Augen verfolgt oder bedrohlichen Bewegungen ausweicht. In diesem Augenblick – aber auch generell, wenn der Mensch sich mitzuteilen versucht, in sinnvoller Weise auf eine Aufforderung reagiert oder eine zielgerichtete Handlung ausführt – muss man die Diagnose sofort überprüfen. Sie lässt sich nur dann aufrechterhalten, wenn immer noch jegliches Zeichen bewusster Wahrnehmung oder absichtsvollen Tuns fehlt.

Leider besteht die Gefahr, dass solche Hinweise übersehen werden, insbesondere bei Menschen mit stark eingeschränkter sensorischer und motorischer Leistung. Bei einem Locked-in-Patienten deutet manchmal allein das Zwinkern eines Auges darauf hin, dass er sich seiner selbst und seiner Umgebung bewusst ist, bei einem Menschen mit Minimalbewusstsein kann es eine kaum wahrnehmbare Fingerbewegung sein. Man muss sehr lange und genau hinsehen, damit man diese minimalen Reaktionen eines trotzdem realen Bewusstseins nicht für Zufall hält.

Mit keinem der verfügbaren Mittel – Untersuchung am Krankenbett, EEG oder Bildgebung – lässt sich die weitere Entwicklung bei einem Menschen im Wachkoma voraussagen. Bekannt ist lediglich, dass drei Faktoren die Genesung beeinflussen: das Alter, die Ursache und die Dauer des Zustands. Die besten Chancen hat ein Kind, dessen Wachkoma von einer Verletzung herrührt und noch nicht lange dauert.

Wie das Gehirn sein Bewusstsein wiedererlangt

Im vegetativen Zustand ist der Hirnstamm meist relativ unversehrt. Dafür sind die weiße und graue Substanz beider Hirnhemisphären mit zahlreichen großflächigen Läsionen übersät. Wie die Positronen-Emissionstomografie offenbart, liegt der Hirnstoffwechsel generell bei vierzig bis fünfzig Prozent des Normalwertes, im Fall von Patienten mit permanentem Wachkoma meist nur bei dreißig bis vierzig Prozent. Er sinkt, weil fortschreitend Nervenzellen degenerieren. Im Hirnstamm – und damit auch in der Reticularformation – ist er fast normal, ebenso im Hypothalamus (der Region unter dem Thalamus) und im basalen Bereich des Großhirns. Da diese Strukturen weiterhin ihre Aufgaben erfüllen, bleiben bestimmte Funktionen intakt, darunter die Atmung und die Prozesse, die den Wachzustand aufrechterhalten.

Kommen wir zum letzten Merkmal des Wachkomas: Wie wir festgestellt haben, sind hier die Assoziationsregionen in ihrer Funktion gestört, insbesondere das Präfrontalhirn beider Seiten, das Broca-Areal sowie Bereiche im Grenzgebiet von Schläfen- und Scheitellappen, im hinteren Scheitellappen und im Präcuneus (siehe Abbildung S. 84). Diese Areale sind für verschiedene mit dem Bewusstsein verknüpfte Funktionen von Bedeutung, beispielsweise für Aufmerksamkeit, Gedächtnis, Sprache und bewusste Wahrnehmung.

Wir konnten eine Reihe von Patienten untersuchen, bevor und nachdem sie das Bewusstsein wiedererlangt hatten. Bei einer Person lag der Glucoseumsatz in der grauen Substanz insgesamt nachher interessanterweise nicht nennenswert höher als zuvor. Offenbar war die Rückkehr zum Bewusstsein hier mehr auf eine lokale Modifikation des Hirnstoffwechsels zurückzuführen – bei der eine inaktive Region ihre Funktion wieder aufnimmt – und weniger auf einen generellen Anstieg (siehe Abbildung S. 87). Die Hirnbereiche, in denen die Stoffwechselaktivität während des Wachkomas merklich niedriger lag und nach dem Wiedererlangen des Bewusstseins auf fast normales Niveau zurückkehrte, befanden sich in den seitlichen und medianen Assoziationsregionen des Scheitellappens beider Hirnhälften, genauer gesagt im Präcuneus und in der hinteren »cingulären Windung« (Gyrus cinguli). Diese Erkenntnisse unterstreichen, welch wichtige Rolle die hinteren Assoziationsregionen der Hirnrinde bei der Entstehung des Bewusstseins spielen.

Die assoziativen Rindenregionen kommunizieren untereinander – und in einigen Fällen auch mit dem Thalamus – über sehr weit reichende Nervenverbindungen. Ob eine funktionelle Verbindung, sprich Kommunikation, zwischen verschiedenen, selbst weit entfernten Hirnbereichen besteht, lässt sich mit Hilfe ausgefeilter Analysemethoden feststellen. Bei gesunden Menschen kommunizieren die linke präfrontale Hirnrinde und der Präcuneus, ebenso dieser und die so genannten intralaminaren Thalamuskerne. Bei Patienten im Wachkoma dagegen besteht eine funktionelle Entkopplung; sie muss behoben werden, wie wir nachwiesen, damit die betreffenden

▽ Die blauen Felder bezeichnen hier geschädigte Hirnareale. Im Koma und im Wachkoma ist der Stoffwechsel mehrerer fast übereinstimmender Assoziationsregionen gestört. Die Patienten sind nicht bei Bewusstsein. Beim Locked-in-Syndrom dagegen kann beispielsweise ein kleiner Teil des Kleinhirns gestört sein – die Betroffenen sind voll bewusst, jedoch in einem reglosen Körper gefangen.

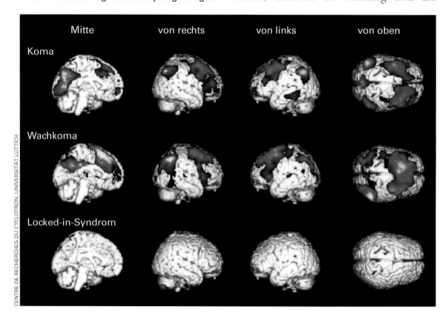

	Mitte	von rechts	von links	von oben
Koma				
Wachkoma				
Locked-in-Syndrom				

CENTRE DE RECHERCHES DU CYCLOTRON, UNIVERSITÄT LÜTTICH

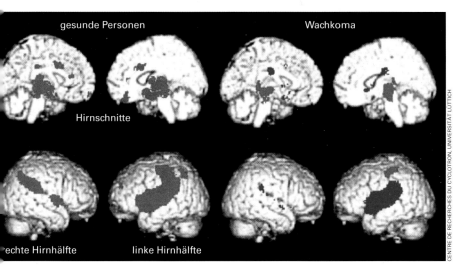

gesunde Personen   Wachkoma

Hirnschnitte

rechte Hirnhälfte   linke Hirnhälfte

Ein Schmerzreiz aktiviert bei gesunden Personen (linke Bildhälfte) die in rot markierten Regionen. Im Wachkoma werden nur kleine Bereiche aktiv, andere bleiben regelrecht »kalt« (blau). Wir gehen davon aus, dass Patienten im Wachkoma (rechte Bildhälfte) äußere Reize wie laute Töne und schmerzhafte Stimuli nicht bemerken, weil bestimmte Assoziationsareale ausgefallen sind. Die Bilder von Patienten mit Minimalbewusstsein oder Locked-in-Syndrom (nicht dargestellt) gleichen dagegen eher gesunden Personen.

Areale wieder funktionieren können. Diese Befunde passen auch zu Ergebnissen von Tierexperimenten: Bei Affen funktioniert das Arbeitsgedächtnis nur dann, wenn der präfrontale Cortex arbeitet und mit weiter zum Hinterkopf gelegenen Rindenregionen interagieren kann. Im Arbeitsgedächtnis werden aktuelle Informationen gesichtet und dann entweder an andere Hirnzentren geschickt oder als bedeutungslos eliminiert.

Bedeutsam ist bei den Wachkoma-Patienten auch die unterbrochene Kommunikation zwischen Hirnrinde und Thalamus: Unsere bewusste Wahrnehmung funktioniert nur, wenn die elektrische Aktivität dieser beiden Strukturen aufeinander abgestimmt ist. Sobald solche Patienten ihr Bewusstsein wiedererlangen, so zeigen unsere Versuche, nehmen auch die neuronalen Regelkreise, die Cortex und Thalamus miteinander verbinden, ihre Tätigkeit wieder auf.

Kein Schmerz springt mehr über

Diese Normalisierung der Funktion beruht wahrscheinlich auf einer Reihe von Mechanismen auf Zellebene, etwa darauf, dass neue Nervenfasern auswachsen oder neue Neuronen entstehen. Gerade im Assoziationscortex, dem »Sitz des Bewusstseins«, konnte man nämlich auch bei Erwachsenen Zellteilungen belegen. Welche Mechanismen im Einzelnen dafür zuständig sind, dass Patienten ihr Bewusstsein wiedererlangen, und unter welchen Voraussetzungen diese Erholung eintritt, ist jedoch noch zu klären.

Bis vor kurzem beschränkte sich die Erforschung der Wahrnehmung bei Patienten im Koma oder Wachkoma auf einige wenige Fälle. Als erste Arbeitsgruppe haben wir nun die Positronen-Emissionstomografie eingesetzt, um die Verarbeitung von Schmerz im Wachkoma zu untersuchen. Wir registrierten an Patienten und gesunden Freiwilligen, wie sich der Blutfluss in bestimmten Hirnregionen verändert, wenn ein Nerv am Handgelenk stark elektrisch gereizt wird. Gleichzeitig maßen wir die Veränderung der elektrischen Aktivität des Gehirns und erfassten den Glucose-Hirnstoffwechsel.

Im Wachkoma, wo der Hirnstoffwechsel um 60 Prozent unter dem Normalwert liegt, erreichte der Schmerzreiz noch folgende Bereiche: das Mittelhirn, den Thalamus und den primären somatosensorischen Cortex der Hirnhälfte gegenüber dem gereizten Handgelenk. So genannte evozierte Potenziale, die von der Hirnrinde stammen und im EEG an der Kopfhaut zu erfassen sind, ließen sich nicht messen. Trotz des insgesamt niedrigen Hirnstoffwechsels erreicht also die neuronale Aktivität die primäre »Körperfühlrinde« – den letzten Schritt aber, ohne den es keine bewusste Wahrnehmung gibt, schafft die Reizinformation nicht: das Überspringen vom primären Cortex auf ein höheres Assoziationsareal.

Das gleiche Resultat erhielten wir, wenn wir den Patienten laute Klickgeräusche von 95 Dezibel vorspielten. Dies aktivierte die primäre Hörrinde beider Hirnhälften, nicht jedoch die zugehörigen Assoziationsfelder. Der Hörcortex ist offensichtlich vom hinteren Scheitellappen, der vorderen cingulären Windung und vom Hippocampus abgekoppelt (siehe Abbildung oben).

Wie es scheint, wird trotz reduzierten Stoffwechsels der primäre sensorische Cortex im Wachkoma noch durch äußere Reize aktiviert. Die Signale erreichen aber nicht mehr die multimodalen Assoziationsregionen der Hirnrinde, wo mehrere Arten von Reizen zusammengeführt werden. Die isolierte, verbliebene Verarbeitungsleistung im Cordex genügt daher nicht, um jenen Integrationsprozess zu tragen, der für das Bewusstsein als notwendig erachtet wird. Diese Erkenntnisse haben nicht nur klinische Bedeutung. Sie nähren auch die Diskussion um die Beziehung zwischen der neuronalen Aktivität des Zentralnervensystems, insbesondere des primären Cortex, und dem menschlichen Bewusstsein. ◁

Steven Laureys (Bild) und **Pierre Maquet** arbeiten als Forscher des belgischen Fonds National de la Recherche Scientifique, FNRS. Sie gehören beide dem Zentrum für Zyklotronforschung an sowie dem Institut für Neurologie an der Universität Lüttich, Laureys überdies dem Zentrum für biomedizinische Zyklotron- und PET-Forschung der Freien Universität Brüssel. **Marie-Élisabeth Faymonville** ist am Institut für Anästhesiologie und Intensivpflege des Lütticher Universitätsklinikums Sart Tilman tätig.

Locked in – gefangen im eigenen Körper. Von K. H. Pantke, Mabuse-Verlag, Frankfurt 1999

Cortical processing of noxious somatosensory stimuli in the persistent vegetative state. Von S. Laureys et al. in: Neuroimage, Bd. 17, S. 732, 2002

Restoration of thalamocortical connectivity after recovery from persistent vegetative state. Von S. Laureys et al. in: The Lancet, Bd. 355, S. 1790, 2000

Auditory processing in the vegetative state. Von S. Laureys et al. in: Brain, Bd. 123, S. 1589, 2000

Cerebral metabolism during vegetative state and after recovery to consciousness. Von S. Laureys et al. in: J. Neurol. Neurosurg. Psychiatry, Bd. 67, S. 121, 1999

AUTOREN UND LITERATURHINWEISE

BEWUSSTSEIN

Methoden der Hirnforschung

www.egbeck.de/skripten/12/bs12-43.htm
Ausführliche Darstellung verschiedener Methoden der Hirnforschung. Die Seite stammt aus einer Reihe von Skripten, die ein Biologe und Lehrer zusammengestellt hat.

www.epub.org.br/cm/n03/tecnologia/eeg.htm
Auf dieser englischsprachigen Seite erklärt ein Neurowissenschaftler aus Sao Paulo (Brasilien) sehr anschaulich die Methoden der Neurobildgebung und skizziert ihren historischen Hintergrund.

www.pharma.ethz.ch/people/oliver.zerbe/notes.html
Wie funktioniert eigentlich die NMR-Spektroskopie und wie lässt sich ein Spektrogramm interpretieren? Oliver Zerbe, Leiter der Abteilung NMR am Institut für Organische Chemie der ETH in Zürich, stellt auf seiner Seite zahlreiche Skripten zu den Grundlagen der NMR zur Verfügung.

Bindungsproblem

www.mpih-frankfurt.mpg.de/global/Np/index.htm
Homepage der von Wolf Singer geleiteten Abteilung für Neurophysiologie am Max-Planck-Institut für Hirnforschung in Frankfurt am Main.

www.sinnesphysiologie.de/hvsinne/sehen/skrinde.htm
Vorlesungsskript zur Sinnesphysiologie, das sich unter anderem mit dem Bindungsproblem beschäftigt.

Bewusstsein

www.uni-bielefeld.de/presse/fomag/S_29_34.pdf
Kann die Neurobiologie das Bewusstsein erklären? Mit dieser Frage beschäftigt sich ein Artikel, den die Universität Bielefeld im Internet bereitstellt.

www.mpih-frankfurt.mpg.de/global/Np/Pubs/nau.htm
»Über das Bewusstsein und unsere Grenzen«. Wolf Singer skizziert in diesem Beitrag einen neurobiologischen Erklärungsversuch des Leib-Seele-Problems.

www.philosophie.uni-mainz.de/metzinger/publikationen/
Schimpansen.html
»Schimpansen, Spiegelbilder, Selbstmodelle und Subjekte« – ein Artikel von Thomas Metzinger über das Bewusstsein.

www.janegoodall.org/chimp_central/chimpanzees/behavior/
rain_dance.html
Mit dem Bewusstsein bei Tieren beschäftigt sich ein Text auf der Seite der bekannten Schimpansenforscherin Jane Goodall.

Störungen und Phänomene

www.prosopagnosie.de
Die Seite wird betreut durch das Institut für Humangenetik der Westfälischen Wilhelms-Universität in Münster. Sie bietet zahlreiche Informationen zum Krankheitsbild der Prosopagnosie und zum aktuellen Forschungsstand auf diesem Gebiet.

http://home.tiscali.de/msiegel/
locked-i.htm
Ein Betroffener hat auf seiner Homepage eine beachtliche Internetbibliothek zum Locked-in-Syndrom zusammengestellt. Sie verweist sowohl auf Fachliteratur als auch auf Artikel und Seiten anderer Patienten. Buchtipps sind ebenfalls zu finden.

www.medicine-worldwide.de/
krankheiten/psychische_krankheiten/
synaesthesie.html
Kurzer Beitrag über die Synästhesie als neurologische Besonderheit, ihre Merkmale und die möglichen Ursachen.

http://faculty.washington.edu/chudler/
syne.html
Die englischsprachige Seite »Neuroscience for Kids« bietet eine anschauliche Beschreibung der Synästhesie – nicht nur für Kinder.

http://rvw.ch/psy/sa_blindsight.html
Ausführliche Erklärung des Blindsehens. Wissenschaftler der Universität Bern beschreiben die Symptome, die anatomischen Grundlagen und die möglichen Ursachen des Phänomens.

Sabbatini, RME: The Future of EEG Brain Mapping

Zurück Vorwärts Abbrechen Aktualisieren Startseite Auto-Ausfüllen Drucken E-Mail
Adresse: http://www.epub.org.br/cm/n03/tecnologia/future.htm   Explorer

The Future of EEG Brain Mapping

The use of computers to process brain signals opens up an infinite number of ways of extracting useful information. Once the digitized EEG channels are stored into the computer's memory, powerful mathematical techniques can be developed to unravel the meaning of its apparently random wigglings.

One of them, seen in this picture, is called **spectral analysis**. It is a mathematical technique, developed by a French scientist called Pierre Fourier, at the turn of the last century, which is able to show the frequency components of a wave (i.e., how much of each of the pure waves alpha, beta, theta, delta, etc.) are present and mixed in a single channel recording). What you see here is a tridimensional diagram showing the time axis from left to right, the frequency component orthogonal to it, and the intensity in microvolts on the vertical axis. A color scale is used to differentiate amplitudes.

Another recent development is the use of powerful graphical processing software to render three-dimensional reconstructions of the head and of the brain, where the electrical activity parameters recorded in the EEG brain topography are depicted as 3D color maps. Dynamic video animations can be produced, showing the alterations of electrical activity as a function of time.

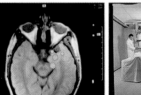

The future of quantitative EEG for clinical applications lies, undoubtedly, in the coupling of digital methods of signal analysis and of image processing. In this picture, what you see is the combination of two remarkable devices: the **magnetic resonance scanner** (MRI), which produces anatomical or functional